准爸爸、准妈妈的
必读宝典

# 最实用的育儿书

## ZUI SHIYONGDE YUERSHU

良石 宋璐璐 编著

让年轻父母学习如何和孩子
一起成长，陪伴孩子快乐成长！
让宝宝的人生之路迈出坚实的第一步！

上海科学普及出版社

**图书在版编目（CIP）数据**

最实用的育儿书/良石，宋璐璐 编著.—上海：
上海科学普及出版社，2013.1

ISBN 978-7-5427-5527-8

Ⅰ.①最…　Ⅱ.①良…　②宋…　Ⅲ.①婴幼儿—哺育
Ⅳ.①TS976.31

中国版本图书馆CIP数据核字（2012）第238488号

责任编辑　王佩英

**最实用的育儿书**
良石　宋璐璐　编著
上海科学普及出版社出版发行
（上海中山北路832号　邮政编码200070）
http://www.pspsh.com

全国新华书店经销　北京中创彩色印刷有限公司
开本 787×1092　1/16　印张19.5　　字数230 000
2013年1月第1版　　2013年1月第1次印刷

ISBN 978-7-5427-5527-8　　定价：29.80元

# 前言
## FOREWORD

　　美国权威机构调查表明，从宝宝出生到3岁这段时间，是他大脑发育最快的时期，也是身心发展最关键的时期。所以这个阶段是宝宝早教最不可错过的"黄金时期"。

　　宝宝从一出生开始，就会凭借自己与生俱来的感知能力去看、去听、去闻、去尝、去模仿、去记忆……1个多月的宝宝就会转动头和眼睛跟踪走动的人，不到半岁的宝宝听到声音就会寻找声源，刚1岁的宝宝看电视时你若关掉电视他会哭闹……

　　我们不得不惊叹，宝宝每时每刻都在调动着自己的智慧吸收新知识。所以早教对于宝宝来说至关重要。

　　本书从孕妈妈怀宝宝开始，一直到宝宝出生后36个月，详细地阐释了家长应该如何进行孩子的早期教育，以及如何锻炼孩子的语言能力、认知能力、视听能力、运动能力、个性品质、社交能力、生活自理能力等。另外，本书还提供了一些宝宝成长过程中家长需掌握的护理要诀。

　　希望本书能成为爸爸妈妈对宝宝进行早期教育的良师益友。

# 目 录
## CONTENTS

## 第一篇

# 胎宝宝的抚育：让母爱从胎教开始

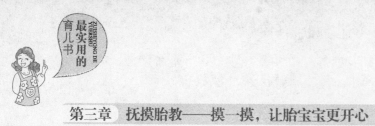

# 第二篇

## 新生宝宝的抚育：让宝宝聪明又健康

# 第三篇

## 0～1岁宝宝的抚育：智力成长的重要阶段

## 第二章　小宝宝开始长牙啦（3～6个月）　　　77

## 第三章　连滚带爬的淘气包（6～9个月）　　　92

## 第四章　迈出人生的第一步（9～12个月）　　111

## 第四篇

# 1～3岁宝宝的抚育：我家有子初成长

## 第一章　宝宝越来越聪明（12～18个月）　　130

## 第二章　宝宝越来越会吃（18～24个月）　　178

## 第三章　宝宝越来越强壮（24～36个月）　　215

# 第五篇

# 婴幼儿常见疾病护理：让宝宝远离病魔

## 第一章　健康宝宝从零抓起　　　258

## 第二章　宝宝成长过程中的常见病　　　276

第一篇

# 胎宝宝的抚育：
# 让母爱从胎教开始

# 第一章
# 让宝宝越过起跑线

## 什么是胎教

　　近几年，胎教风席卷世界，愈来愈引起人们关注。美国著名医学专家托马斯的一项研究结果表明，腹中的胎宝宝在6个月时，其大脑细胞数量就已经和成人接近了，各种感觉器官也日趋完善，胎宝宝会对母体内外的刺激做出强烈的反应。这就给胎教的施行提供了强有力的科学依据。

　　胎教有广义和狭义之分。广义胎教是指为了促进胎宝宝生理上和心理上的健康发育成长，必须确保孕产妇能够顺利地渡过孕产期所采取的精神、饮食、环境、劳逸等各方面的保健措施。因为没有健康的母亲，就不能孕育出强壮的胎宝宝。有人也把广义胎教称为"间接胎教"。狭义胎教是指根据胎宝宝各感觉器官发育成长的实际情况，有针对性地、积极主动地给予适当合理的信息刺激，使胎宝宝建立起条件反射，进而促进其大脑机能、躯体运动机能、感觉机能及神经系统机能的成熟。换言之，狭义胎教就是在胎宝宝发育成长的各个时间段，科学地提供视觉、听觉、触觉等方面的教育，如光照、音乐、对话、拍打、抚摸等，使胎宝宝大脑神经细胞不断增殖，神经系统和各个器官的功能得到合理的开发和训练，以最大限度地发掘胎宝宝的智力潜能，达到优生优育的目的。从这个意义上讲，狭义胎教亦可称为"直接胎教"。所以，胎教是临床优生学与环境优生学相结合的实际具体措施。

　　中国人素来都很推崇养生，养生是保持身心健康的一种方法。孕妇注意养生胎教，将有利于孕妇胎儿的健康。具体怎样进行养生胎教呢？

①心意养生法：孕妇平时要注意劳逸结合，动静适度，让气血正常运行，有利于怀孕和分娩。除了可以适当做一些家务和户外散步等活动外，还可进行心意养生锻炼。具体的锻炼方法是：在日常的生活中，要经常有意识地用舌头抵住上颚，并放松丹田，把意志集中在膻中穴和涌泉穴。孕妇可经常进行微闭眼养生锻炼，自然而然就会起到调摄精神、精气内守、消除烦恼、提高身体素质的作用。

②呼吸法：实施胎教时，孕妇的注意力应该集中，不能有杂乱、不安和恍惚的心情。呼吸法有很好的调节自我情绪的作用，怀孕后可经常练习此法。具体做法是：每天三次，早上起床时，中午休息前和晚上临睡时各练习一次。练习时全身放松，微闭双眼，两手放在身体的两侧或腹部，衣服适当宽松些，这些准备好后，用鼻子慢慢吸气，同时心里默数1、2、3、4……感觉气体被储存在腹中。然后慢慢从鼻子或嘴里呼气，呼气的时间应该是吸气时的2倍。如此反复呼吸1～3分钟。

③孕妇瑜伽：孕妇练习瑜伽，可提高血液循环，加紧肌肉力量和伸缩性，加速产后恢复。孕妇可在怀孕3个月后参加专业人士指导的瑜伽班。练习瑜伽应谨慎小心，量力而行，要注意避免压迫到腹部和高难度的动作。如果觉得疲倦了，应停下来休息一会，不能逞强。每天可练习半个小时到一个小时，持之以恒。

## 胎教要讲门道

所谓胎教，就是调节孕期母体的内外环境，促进胚胎发育，改善胎宝宝素质的科学方法。

它主要指孕妇自我调控身心的健康并保持心情愉悦，为胎宝宝提供良好的生存环境；同时也指给生长到一定时期的胎宝宝以合适的刺激，通过这些刺激，促进胎宝宝的生长。

大多数人认为胎宝宝出生之前时一直安静地躺在母体子宫里面，根本不会有任何感觉，一直等到分娩的时候才会醒过来，其实这是错误的。现代医学研究已经表明，胎宝宝具有神奇的潜在力。胎宝宝从第5周的时候就会有比较复杂的生理反射机能，10周的时候已形成感觉、触觉等功能。当胎宝宝到了20周左右时，便开始对乐器有生理反应，30周时有听觉、味觉、嗅觉和视觉功能，可以能听到妈妈心跳及外界的种种声音。这时候妈妈的一举一动都会影响胎宝宝。

## 1. 胎教可分三个阶段来进行

### （1）自律神经的训练

孕妇在柔和的灯光下尽量放松自己的身心，促进副交感神经的兴奋，使身体和精神处于稳定和平衡的状态。

### （2）胎谈

和胎宝宝说话，告诉他有关周围生活的一切，哪怕是时间、环境、气候等一些小细节，并和胎宝宝打招呼、说爱他等。

### （3）听音乐

可适当配合母亲的喜好，选择古典音乐、优美歌曲与胎宝宝共享。

## 2. 应该怎样进行胎教

在怀孕3～4个月时，可主动刺激胎宝宝，让胎宝宝在子宫内"游泳"、"散步"，每次数分钟。做这个动作时孕妇应躺下，全身尽量放松，动作要轻柔，用手轻轻地推动胎宝宝。怀孕6个月后，在腹部能摸到胎宝宝的头部、躯干及四肢，孕妇可以进行抚摸和拍打胎宝宝，这样有利于胎宝宝肌肉的发育。怀孕七八个月以后，父母可以与胎宝宝对话，胎宝宝最容易听到较低沉（父亲）的声音。父亲可以耳贴在孕妇腹部数胎心率或轻轻吟唱。孕妇可以半卧位，将收音机放置在离母体腹部几十厘米处，共同欣赏音乐。音量不宜太大，每天可听3~4次，每次20~30分钟，直到足月临产。据说经过这样的训练，胎宝宝在出生后只要一听到悦耳、愉快的乐曲，就会停止躁动和啼哭而露出笑容。

父母在进行胎教的时候，还应做到：注意饮食调节，保证充足的营养；注意环境舒适，空气新鲜，避免噪声和喧闹；保持心情舒畅，精神愉快，提高自身修养。

## 胎教要适度

正如某些父母盼子成龙心切一样，有的孕妇实施胎教时，期望过高，心太切，以致欲速不达，效果不理想。如有的孕妇在进行语言胎教时，长时间将耳机放在腹部，造成胎宝宝烦躁。胎宝宝生下来以后，会变得十分神经质，以至于对语言有一种反感和敌视态度。听音乐时，也不能没完没了，连孕妇本人都感到疲惫不堪，那胎宝宝的感觉也绝对不会好。因此，孕妇对胎宝宝进行胎教，不能热情过度，也不能太急切。

生育一个健康聪明的宝宝，是每一个孕妇的心愿。胎教正是帮助孕妇实现这一心愿的方法。为了正确实施胎教，使胎宝宝真正受益，孕妇必须认真学习胎教内容，准确掌握胎教的正确方法。孕妇生活要有规律，这既是胎教的一项内容，也是对每个孕妇的起码要求。每项胎教内容，需按一定规律去做方能成功。如抚摸胎教，一天两天不足以和胎宝宝建立起联系，需长久地、有规律地去做，才能使胎宝宝领会到其中的含义，并积极地响应。母亲和胎宝宝相互配合，相互协作，乐趣无穷。在这种乐趣中，胎宝宝的发育和心智发展得到激励。孕妇的信心和持之以恒，是胎教的成功保证。

# 科学施"教"的策略

### 1. 孕妇的自修课

胎宝宝在母体内可以感受到母亲的举动和言行，孕妇在怀孕期间的所作所为都可以直接影响到胎宝宝出生后的性格、习惯、道德水平、智力等各个方面。传说中有一个神童，看到几篇从未见过的文章，马上可以倒背如流，究其原因，原来这些作品都是他母亲在怀孕时经常朗诵的，可见孕期的行为对胎宝宝的影响之大。法国心理学家贝尔纳·蒂斯认为，胎宝宝并不是像白菜那样仅靠营养生长发育，它对来自外界的某些感官影响十分敏感。因此，孕妇应在学识、礼仪、审美、情操等方面提高自己的修养。

（1）读一些优美的文学著作：一位哲人说过："读一本好书，就像是与一位精神高尚的人在谈话，那精辟的见解与分析，丰富的哲理、风趣幽默的谈吐，都会使人精神振奋，耳目一新。"读书不仅可以使孕妇本身得以充实、丰富，同时也熏陶了腹中的宝宝，让他也感受到这诗一般的语言、童话一样美的仙境。而且这会刺激胎宝宝快速地生长，使其大脑发育优于其他胎宝宝。由于这种教育使胎宝宝事先拥有朦胧的美的意识，出生后会较其他婴儿聪明、活泼、可爱。

（2）欣赏一些著名的美术作品：除读书外，孕妇还可欣赏书画、雕塑等艺术作品，使胎宝宝也有所感受。无论是自然风景画中，还是人物画，都可以感受到人类世界的美好心灵。

（3）感受大自然的美：最近的一项调查研究表明：胎宝宝的身心健康，不仅与室内的环境有关，还与外界的环境有关。所以，想要给宝宝一个健康的身体，父母还应带着肚子里的小宝宝出去呼吸室外的新鲜空气。大自然不仅可以开阔母亲的视野，对于胎宝宝的发育也大有益处。大自然中清新的空气对人类的健康有极大的益处，对孕妇更是如此。孕妇早上起床后，可到有树林或草地的地方做操或散步，呼吸清新的空气；节假日可与亲朋好友一起郊游，欣赏秀丽的大自然的田园景色。大自然的美能陶冶人的情操，给人带来欢乐，使人的精神世界得到极大的丰富，极有利于孕妇和胎宝宝的身心健康。

## 2. 经典的胎教课程

孕妇怀孕第7周时，胎宝宝就开始有活动了，到第5个月就有了明显的胎动。胎动是胎宝宝自主性的运动。8个月后，胎宝宝可能会睁开眼睛，打呵欠，吸吮拇指。到最后的几个月，胎宝宝的感官功能表现明显，当播放音乐时，胎宝宝会转脑袋，使耳朵靠近声源。有时胎宝宝在听到母亲与父亲谈话时，会停止吸吮拇指。在感到母亲休息时，胎宝宝会调皮地在母亲的腹部蹬几下，如果母亲拍几下被蹬的部位，胎宝宝还会回蹬几下。可见，母亲的一举一动都会对胎宝宝产生影响，并作出积极的反应。法国心理学家贝尔纳·蒂斯认为，准父母可以通过言语、动作等与腹中的宝宝交流信息，增加彼此的感情。通过轻柔的动作和呢喃的语言可以使胎宝宝得到安全感、愉快感，促进胎宝宝心理及生理的发育。

（1）帮助胎宝宝做操，增强胎宝宝的运动协调能力：曾有报道说在母体中进行过锻炼的胎宝宝，出生后两三个月便可以麻利地进行翻身、爬、坐、抓等动作，还可以自己转动袖珍收音机的旋钮，由此可见胎宝宝期体育锻炼的意义。

如何帮助胎宝宝做体操呢？首先孕妇仰卧在床上，头部不要垫高，全身尽量放松，然后用双手捧住胎宝宝，按从上至下，从左至右的顺序抚摸胎宝宝，反复10次后，用食指或中指轻轻触摸胎宝宝，然后放松，坚持几周后，胎宝宝就会有明显的反应。给胎宝宝做操应注意以下原则：

①定时，一般在晚上9～10时胎宝宝活动频繁时进行。

②循序渐进，开始以每周3次为好，以后可依次增多。

③每次时间不可过长，一般以5～10分钟为宜。

④如配以轻松、愉快的音乐，则效果更佳。

（2）跟胎宝宝讲话，培养胎宝宝的语言能力：实验表明，与胎宝宝的语言交流，能促进其出生后语言乃至智力的发展。那么，如何培养胎宝宝的语言

能力呢？最有效的捷径便是在胎宝宝期即进行语言诱导。这种诱导包括日常性语言诱导和系统性语言诱导。

日常性语言诱导指的是父母经常对胎宝宝讲一些日常用语，如："小宝宝，你的手在哪里？""伸个脚给爸爸妈妈看吧。"这些话语不仅较随意，口吻轻柔，还能将父母的爱传到胎宝宝那里，对胎宝宝的情感发育也具有莫大的好处。

系统性语言诱导指的是有选择、有层次地给胎宝宝听一些简易的儿歌等。这些歌谣趣味性较强，而且容易上口，比如：

《茶杯歌》：喝开水，用茶杯，我和茶杯亲亲嘴。

《眼睛歌》：小眼睛，亮晶晶，样样东西看得清。

《不倒翁》：不倒翁，眯眯笑，推一推，摇一摇，推来推去推不倒。

《大象歌》：长鼻子，像钩子；大耳朵，像扇子；四条腿，像柱子；高大的身体像房子。

如果爸爸妈妈配上背景音乐进行朗读，则效果更佳。

（3）欣赏音乐，培养胎宝宝的音乐潜能：音乐是胎宝宝不可缺少的精神乳汁。一般来说，胎宝宝听觉器官的发育比其他感官更快，信息需求也多。另外，胎宝宝在智力、情绪行为等方面处于发展的启蒙时期，一切发展都离不开环境的刺激，而音乐无疑是最有益的刺激。经研究还发现，父母唱歌比放录音机的效果更佳，胎宝宝出生后对歌的记忆保持得更持久。

音乐对胎宝宝的智力开发有积极意义。音乐能刺激胎宝宝大脑皮质，促进脑细胞的发育及脑功能的发展，人脑的左右半球具有不同的功能，左半球侧重于逻辑思维，而用音乐开发其右脑，使左右脑半球平衡发展，对胎宝宝出生后的智力发育有极为特殊的意义。

音乐对胎宝宝的智力开发有特殊的功能，因为它是准妈妈与胎宝宝建立感情联系的纽带。优美健康的音乐能调节准妈妈的心理情绪和生理机能，从而改善胎盘供血状况，促进胎儿发育。

音乐也可直接作用于人的情绪。对胎宝宝来说，由于大脑皮质发育不完善，兴奋与抑制过程不甚协调，胎动增多，因此多用音乐调节胎宝宝的情绪，会使胎宝宝获得兴奋和抑制过程的平衡。

但是，音乐使用不当也会产生不良后果。如何选择胎教音乐呢？首先要选择轻柔舒缓的乐曲，如配器简单的音乐小品、儿歌等。节奏太强会损害胎宝宝的听觉，产生不安情绪，引起异常胎动，甚至造成胎宝宝出生后对高音的迟钝。此外，胎宝宝听音乐的时间也不宜太长，以免造成胎宝宝"听觉疲劳"。

## 成功施"教"的秘诀

### 1. 营养胎教常识

根据妊娠早、中、晚三期胎宝宝发育的特点，科学地指导孕妇摄取各种营养素，吃出孕妇的健康与漂亮，吃出宝宝的聪明与健康，并防治孕期特有的疾病，称为营养胎教。

从一个重1505微克的受精卵，到分化成600万亿个细胞而组成的重量为3000克的完整人体，其重量增长率增加了20亿倍（从出生到成年体重仅增加20倍左右），这个发育成长的过程全依赖于母体提供营养。虽然影响胎宝宝正常发育的因素是多方面与复杂的，但孕妇营养对胎宝宝发育的影响却是主要的。

常言道："先天不足，后天难养。"因为不恰当的孕期营养及饮食习惯只会增加体重而贻误胎宝宝其他系统尤其是脑的发育。

营养素是食物中所含的人体必需的物质。各种营养素的成分在身体内的生理作用不同，通常可分为七大类：即蛋白质、脂肪、碳水化合物（糖类）、矿物质、维生素、水和纤维素。能供应人体热量的营养素是蛋白质、脂肪、糖类，被称为三大产热营养素；其余四种营养素在人体内的生理作用各有千秋。

### 2. 做好妊娠早期的营养胎教

妊娠早期，由于妊娠的生理变化，在饮食方面有不同的要求，其营养胎教要注意以下两个方面。

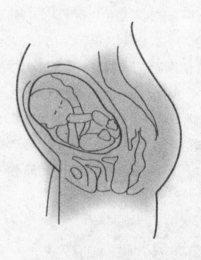

（1）妊娠初期，胚体虽小，但细胞分裂迅速，孕妇常伴有恶心、食欲不振，所以妊娠早期孕妇最感不适。由于进食少，加上胚胎需要大量地利用母体的营养，使母体呈负代谢状态而消瘦，这是一种生理反应。轻度的妊娠反应不需要治疗，也不影响健康，短期内会恢复。

（2）妊娠8周末以前的阶段称为胚期。胚期通常在医学上被分为23个阶段，每个阶段都与胎宝宝的器官发育特征有关，尤其是脑及五官的发育。虽说妊娠早期胎宝宝生长缓慢，每天仅增重1克。但是，如果胚期营养不良，就会使胎宝宝脑细胞分裂期缩短，使大脑发育迟缓或停滞，导致先天性智力缺陷。可见，智慧的根本取决于大脑的营养。

营养原则：以蛋白质为主，每天吃50～100克蛋白质，50克矿物质；膳食以五谷杂粮、蛋类、果蔬为主；忌油腻。

**小贴士**

儿童智商的发育受到后天环境和教育等多种因素的影响，因此很难评价胎教在其中的单纯作用，但是胎教为婴幼儿的智能发育奠定了一个良好的基础，并对胎儿的早期教育起到了很好的积极作用，这一点是毋庸置疑的。

# 第二章

# 让宝宝更聪明

## 超智宝宝的"秘方"

望子成龙，望女成凤，是每一个做父母的心愿。人人都想生出一个超智力宝宝，但是，真正梦想成真的又有几个。宝宝智力的决定性因素有很多。当然，宝宝拥有一个健康的大脑是首要的，除此之外，宝宝智力与遗传因素也不无关联。

### 1. 遗传与智力密切相关

有资料表明，双亲均为智力正常者，其子女73%为智力正常；双亲一个智力低下一个智力正常者，其子女64%为智力正常；双亲均为智力低下者，其子女只有28%为智力正常；双亲一个智力低下，一个智力缺陷时，其子女只有10%为智力正常；父母智力都有缺陷的，其子女只有4%为智力正常。这就是说，智力与遗传有密切的关系。

小嫣的母亲是一个先天性脑瘫患者，在智力方面是一个非正常的人，但是小嫣的父亲却不存在任何智力方面的问题，小嫣自出生时就乖巧懂事，机灵活泼，

这也让小嫣的父亲得到很大的安慰，因为女儿没有遗传其母亲的基因。

时间过得好快，小嫣结了婚，两个人生活得非常幸福，不久小嫣发现自己怀孕了，丈夫高兴极了，对小嫣的照顾更显得无微不至，小嫣想象着自己的女儿一定会像自己一样聪明、可爱、机灵，每次想到这，小嫣就觉得无比幸福。一晃9个月过去了，宝宝出生了，长得浓眉大眼极其讨人喜欢，但是令全家感到惊奇地是，宝宝不会哭。于是小嫣和丈夫带宝宝去医院检查，检查结果表明，宝宝患有先天性脑瘫，医生问他们的家族中是否存在这类患者，小嫣不由得想到自己的母亲，一屁股瘫倒在地，欲哭无泪。

## 2. 与后天的努力不无相关

当然，智力并不完全取决于遗传，后天的努力有时也会收到令人惊异的效果。在我们周围，不乏这样的例子：不识字的贫苦农妇培养出博士儿子，学富五车的教授的子女却只能在中学勉强毕业，才华横溢的作家生出个弱智儿子……这是因为智力来源于大脑，而大脑生长发育受遗传和后天努力两方面因素的影响。

一般来说，只有那些先天遗传素质好的宝宝，才有可能在后天的培养教育下获得较高的智力。对那些先天不足，例如有遗传缺陷等问题的宝宝，施行同样的教育手段往往收效甚微。当然世事无常，例外也不是没有。

对那些天赋较好的宝宝，如不适时进行教育，没有为其创造良好的生长环境，那么，其先天具有的优越条件也将随着时光的流逝而消失殆尽。宋朝有个叫方仲永的神童，5岁即能吟诗作赋，名噪一时，长大后却很平庸。历史上像这样小时了得、大未必佳的例子委实不少。

作为父母，绝不能片面夸大先天遗传作用，对于后天培养也要十分关注。二者兼顾，相辅相成，内因作用于外因，外因通过内因而起到应有的作用，两者相互促进，使得宝宝的潜力得到充分地发挥。

## 聪明宝宝的脑部成长

神经中枢存在于大脑，而宝宝智商的高低和大脑的发育成熟与否有着密切的关联。胎宝宝期大脑的发育情况是决定宝宝聪明与否的先天条件之一。现在让我们来了解一下胎宝宝的大脑发育情况。

胎宝宝时期是脑部物质的形成时期，约1000亿个脑神经细胞，在受精之后的280天里，慢慢地形成。

卵子与精子结合的时候，原本只是一个细胞。在短短的280天里，分裂并形成身体的各个器官，同时，完成1000亿个脑细胞的制造，其细胞分裂的速度是相当惊人的。

胎宝宝的大脑每时每刻都在发生着变化。下面以月份增长为顺序，来解读胎宝宝大脑的变化。怀孕1个月时是受精卵旺盛重复分裂的时期，脑的原形大体形成，但是怀孕的感觉几乎感觉不到。怀孕2～3个月时脑的各部分，如大脑、延髓等器官逐渐分明，脑的分化也开始进行，这时孕妇会慢慢感觉到怀孕了。怀孕4～5个月时脑部迅速发育，脑部形成，但脑的表面尚未产生皱褶。怀孕6～7个月时脑细胞分化逐渐形成，表面开始产生褶皱，接近成人的脑部构造。这段时间是怀孕期最稳定的时候。怀孕8～9个月时胎宝宝的脑部发育完成。褶皱的形状已经定型，胎宝宝的脑细胞已经接近于成人脑细胞的重量，在孕妇怀孕10个月时胎宝宝脑的重量在400克左右，脑神经细胞大概有1000亿个。以后，脑神经细胞的数量将不再增加。这时候脑部渐渐髓鞘化，神经胶质细胞逐渐形成，脑部也随即变得发达了。

## 母子的信息交流平台

父母与宝宝有着血浓于水的深情，尤其是母子之间。母亲怀胎十月之后将会分娩，将胎宝宝生下，这中间母子的感情也慢慢升温，她们血脉相连，心灵相通。胎宝宝在孕妇体内就存在听、触、嗅等大脑神经活动，随着年龄的增长，人的记忆力逐渐增强，就其增幅而言则以婴儿期的记忆力增长最快，这时期的宝宝之所以能很快记住电视画面和儿歌，是因为早在胎宝宝期就已形成了这种能力。孕妇和胎宝宝这一对俏皮的母子各自通过不同的途径传递着彼此在生理、行为、情感方面的信息。通过这些信息的传递对胎宝宝进行教育和引导。

## 1. 胎宝宝大脑的发育

人的诞生始于受精卵，受精卵在子宫内着床后依次分化出外胚叶、中胚叶、内胚叶，其中外胚叶就是脑的原形。开始它是圆板状，随后发育成神经管，如果以最初神经管的形态发育下去就只能长成鱼类的细长形大脑，而胎宝宝的神经管在初期即发生弯曲变形，出现褶皱，以便在有限空间容纳更多的细胞，正是这一原因造就了复杂的最终布满沟回的大脑。在胚胎的第4周胎宝宝的脑已在原始形态上完成了主要的部分。第7周胎宝宝面部轮廓形成，眼、鼻、口已依稀可辨。到第9周脑干和脊髓便以半个大脑的体积完成了发育过程，这时胎宝宝触觉神经出现。大脑继续发育到第4个月，胎宝宝便形成了头部比例过大的完整人形。

在脑的发育过程中最关键、所需时间最长的是神经网络的形成，因为是神经网络最终导致大脑功能的产生。不可思议的是构筑这一神经网络的主角——突触的数量在出生后反而急剧减少。通过实验得出结论：急剧减少的部分是胚胎期的储备，供出生后适应环境过程中的消耗。神经细胞的数量及神经纤维的长度由遗传元素决定，而突触的形成则受制于子宫内的环境元素。突触的形成略迟于神经细胞和神经纤维。

**小贴士**

3~4个月胎儿借助心电感应与人沟通。胎儿期可以说是人类的一生中心电感应能力最强的时期。

## 2. 母子的信息传递

胎宝宝的存在促进了母体分泌维持妊娠所需要的激素，并使母体产生孕育胎宝宝所必需的生理上的变化，如子宫增大、变软、乳腺增生、乳房变大、新陈代谢加快、激素活动增加以及全身各器官的生理功能增强等，胎盘分泌的一系列激素可以维持妊娠的进行。

总而言之，胎宝宝在积极地促使身体分泌一些物质，协助母亲维持自己的生命，这也就是说胎宝宝已经能够对自己的生命施加一定的影响。母体也在积极地向胎宝宝传递生理信息，如母亲不安时分泌出来的激素使血液中化学成分发生变化，从而通过胎盘对胎宝宝的生长发育产生影响。

当母亲有嗜烟、酗酒、滥用药物、暴饮暴食以及遭受外伤等情况时，可使胎宝宝的生长环境发生有害的变化，进而使胎宝宝产生恐惧的心理，表现为胎动异常、心跳过速等。

母亲的情感诸如怜爱、喜欢胎宝宝，以及恐惧、不安等信息也将通过有关途径传递给胎宝宝，进而对胎宝宝产生潜移默化的影响。比如说，当母亲在绿树成荫的小路上散步，心情愉快舒畅，这种信息便很快地传递给胎宝宝，使他体察到母亲恬静的心情，随之安静下来。而母亲愤怒时，胎宝宝则迅速捕捉到来自母亲的情感信息，变得躁动不安。据报道，一些毫无医学原因的自然流产主要是由于母亲的极度恐惧不安造成的。

总之，母亲与胎宝宝之间是存在情感沟通渠道的。而夫妻之间的感情生活是否甜蜜、家庭是否和睦，也对胎宝宝的影响极大。大量事实证明，只要是生活幸福的母亲所生的宝宝都是既聪明又伶俐，性格开朗，生性活泼可爱；而那些生活不幸福的母亲生的宝宝则可能头脑呆滞，反应迟钝，更严重的还会给宝宝的心理造成阴影，存在自卑感。

## 心有灵犀的母子

有的父母认为胎宝宝还没有降生，不会有思想，不会思考，没有感情，更别说听懂大人的话了，所以不进行胎教无所谓。事实上，宝宝从胎宝宝期开始，就能借着心电感应感觉母亲带来的波动了。美国的约翰·亚伦瓦德博士将母子间的波动关系命名为"母子的心电感应关系"。所以胎教是有着非常深厚的理论基础的。

母亲的情绪在变化的时候，腹中的宝宝也接受着相应的变化，当母亲打从心底觉得安详的时候，此时，宝宝也能敞开心扉接受母亲的各种波动。当母亲对于宝宝的成长有不安、焦躁或疑虑等否定的情绪时，宝宝就会封闭心灵，无法直接接受母亲的波动。这时，即使母亲想将意图传达给宝宝，宝宝也会腻烦。

心电感应不只限于母子之间，宝宝与父亲的心电感应也是很强烈的。如果从胎宝宝期开始，父亲就经常对宝宝说话，则生下的宝宝就会与父亲非常亲近。父亲只要不是在胎教中扮演一个旁观者的角色，宝宝就能获得心灵的满足，成长为性格温柔的宝宝。

## 胎宝宝也有感知世界的能力

听觉系统作为胎宝宝和外界环境进行交流和沟通的主要器官之一，同时进行听力训练也是完成胎教这项工作的物质基础。正因为这样，近些年来人们对

于胎宝宝听觉功能的研究越发重视起来。

### 1. 宝宝依恋母亲的心音

我们都知道，出生几天的婴儿，哭闹是常有的事。但是如果母亲把婴儿抱在左胸前，婴儿会很快静下来，安然入睡。这是为什么呢？

这是因为胎宝宝在母亲体内时，就已习惯了母体血流的声音和血管（心脏）的搏动，出生后，婴儿的耳朵贴近母亲的左胸（即心脏的位置），这种声音和搏动，能把婴儿带回昔日宁静的日子和安全的环境中，这种早已体验过的安全感是任何优美的催眠曲都无法比拟的。

怀孕六七个月以后，当准妈妈可以在腹部明显地触摸到胎宝宝的头、背和肢体时，就可以增加推动散步的练习。准妈妈平躺在床上，全身放松，轻轻地来回抚摸、按压、拍打腹部，同时也可用手轻轻地推动胎宝宝，让胎宝宝在宫内"散散步、做做操"。每次5～10分钟，动作要轻柔自然，用力均匀适当，切忌粗暴。如果胎宝宝用力来回扭动身体，准妈妈应立即停止推动，可用手轻轻抚摸腹部，胎宝宝就会慢慢地平静下来。

此种练习应在医生的指导下进行，以避免因用力不当或过度而造成腹部疼痛、子宫收缩，甚至引发早产。

进行抚摸胎教时要注意，一般在孕早期以及临近预产期时不宜进行抚摸胎教；有不规则子宫收缩、腹痛、先兆流产或先兆早产的准妈妈，不宜进行抚摸胎教，以免发生意外；曾有过流产、早产、产前出血等不良产史的准妈妈，也不宜进行抚摸胎教，可用其他胎教方法替代。

### 2. 小小的窃听者

美国权威机构最新的研究结果发现，自妊娠6个月起，胎宝宝就开始不断地"凝神倾听"。妊娠期间，母亲的子宫是一个非常"嘈杂"的场所，因此，有大量的声音传入胎宝宝耳内。在传入胎宝宝耳朵的声音中，最为嘈杂的是母亲胃内发出的咕噜咕噜的声音。

另外，即使是父母比较微弱的谈话声，胎宝宝也会全神贯注地倾听。

支配胎宝宝所处环境的声音，毕竟是母亲那富有节奏的心脏搏动声。如其节奏正常，胎宝宝就知道一切正常，胎宝宝也会因此感到所处环境安全。

有人做了这样一个实验：在孕妇妊娠期间，给宝宝起一个小名，并让父母常常向腹中的宝宝呼唤。宝宝出生以后，当他听到呼唤他的小名时，会突然停止吃奶或在哭闹中安静下来，有时甚至会露出似乎高兴的表情。这项试验的结果，至少能说明胎宝宝在子宫内就有听力。

做母亲的也常常讲起自己的亲身体会：如猛然一下关门声，胎宝宝竟会缩成一团；置身于车水马龙的街头，嘈杂声与喇叭声常会引起胎宝宝频繁的胎动。专家们认为，胎宝宝在宫腔内被羊水包围，是生活在一个水环境中，而水对声音具有选择的过滤作用，它能除去一部分低音，而对高音则能保留，故而胎宝宝对高音有更强的敏感性。

通过以上论证和实验可以了解到，胎宝宝对于母体和母亲的声音具有很强的依赖性与敏感性，这是完成胎教最关键的问题。


## 胎宝宝也能分辨黑夜和白昼

长期以来，人们都以为，生活在子宫内的胎宝宝，即使在后期眼睛已经发育成熟的时候，也完全一抹黑，不会看见任何东西。因为胎宝宝生活在羊水的海洋里，外面的世界层层设防，除了羊水、羊膜外，还有绒毛膜，最后又加上子宫。如此"庭院深深"，一般光线自然很难透进，因此，子宫世界充满了黑暗，胎宝宝在这黑暗的条件下没有看东西的需要，也不可能看见什么东西。然而，事实并非如此，胎宝宝的眼睛并不是完全看不见东西。

## 胎宝宝视觉的发育

胎宝宝的视觉比其他感觉器官发育得缓慢。子宫虽说不是漆黑一片，却也不适于用眼睛看东西。然而，胎宝宝的眼睛并不是完全看不见东西，从胎宝宝第4个月起，胎宝宝对光线就非常敏感。母亲进行日光浴时，胎宝宝就可通过光线强弱的变化感觉出来。

## 胎宝宝可以感受明暗

通过研究观察发现，当摄影灯突然打开发出强光后，强光透过躺着的孕妇腹壁照入子宫内后，胎宝宝马上活动起来，要等几分钟的适应之后，胎动才减弱下来。为了避免强光的热效应刺激而引起的胎宝宝反应，实验中把白炽灯浸泡入装水的玻璃槽内，光线透过装水的玻璃照在孕妇腹壁，然后光线透入子宫内，同样发现光线的突然照射引起了胎动增强。

## 胎宝宝也识真滋味

舌头属于味觉器官，对于苦、辣、酸、甜味道的感知异常强烈。可能大家还不太了解，其实胎宝宝在7个月的时候就已经具备感觉味道的能力。如果给一个7个月的早产儿带有甜味的东西，小宝宝马上就会有反应。

胎宝宝的"味蕾"，在妊娠3个月时逐渐形成，直到出生之前慢慢完成，不过，在妊娠7个月左右已大致完成。对甜味与苦味的感觉，发展比较迅速。4个月大的胎宝宝，其在子宫内的环境适应能力之一就是因为他有味觉，能辨别羊水的味道，从而决定吞咽与否，或吞咽多少。尽管羊水稍具味道，胎宝宝还是能够津津有味地品尝。

新西兰科学家艾伯特·利莱通过实验证明胎宝宝在4个月的时候就已经出现味觉了：为了证明他的结论，他往孕妇的羊水里面加入了糖精，发现胎宝宝以比正常情况下高于一倍的速度吸入羊水；当他往子宫里面注入一种味道难闻的油的时候，胎宝宝即刻停止吸入羊水，并开始不停地在腹内乱动，表示出明显的抗议。

### 小贴士

早教是胎教的延续，婴儿出生之后，要不失时机地进行全方位的感受教育，使他从间接感知直接过渡到"感受"现实中来。

## 胎宝宝的大脑不是空白的

记忆是脑部思维活跃的一种形式，而胎宝宝有记忆力吗？这个问题一直被大家关注。有人认为，在孕妈妈怀孕第4个月的时候，在胎宝宝的大脑里就已经时不时地出现记忆的痕迹；也有人认为，只有8个月左右的胎宝宝才有可能会存在记忆功能，同时又认为记忆能力从胎宝宝期就已经开始萌芽。目前科学界普遍认为，胎宝宝具有记忆能力，而且这种能力还将随着胎龄的增加而逐渐增强。

研究结果表明，胎宝宝对外界有意识的激励行为的感知体验，将会长期保留在记忆中，并对其未来的个性以及体能和智能产生一定程度的影响。

曾有几个有趣的例子：钢琴家鲁宾斯坦、小提琴家美纽因及乐团指挥罗特等人对一些从未接触过的曲子皆"似曾相识"，即使不看乐谱，乐曲的旋律也不由自主地在脑海中源源不断涌现。究其原因，原来是他们的母亲在怀孕时曾经反复弹奏过这些乐曲。

加拿大哈密顿乐团的指挥鲍里斯在一次演奏时，一支从未见过的曲子突然

在脑海里出现，而且感到十分熟悉和亲切，这使他迷惑不解。后经了解，原来他的母亲曾是一位职业大提琴演奏家，在怀鲍里斯时曾多次练习、演奏过这支曲子。

有个名叫海伦的女性，只要给她腹中3个月的胎宝宝唱一支摇篮曲，宝宝就会立即安静下来。

这些例子都无可辩驳地说明了这样一个问题：胎宝宝具有一定的记忆能力。

在出生前数月内，胎宝宝的行为渐趋复杂、成熟。这是因为，迅速增大的记忆储存促进了自我形成，并开始引导胎宝宝行为的发展。

曾经有人做过这样一个实验：在医院的婴儿室中播放了母亲子宫血流和心脏搏动声音的一小段录音，竟发现正在哭泣的新生儿停止哭闹，安静了下来，而且情绪异常稳定，饮食及睡眠等情况也很好，更奇怪的是新生儿的体重也开始迅速增加。这主要是因为新生儿在母亲子宫的时候就早已经熟悉了母亲的心音，而出生后依然如此，只要一听到这种声音就会备感安全亲切。

# 抚摸胎教——摸一摸，让胎宝宝更开心

## 抚摸胎宝宝很重要

伴随着胎宝宝对各种感觉的感知，胎教工作也开始了。对于初次做爸爸妈妈的夫妻来说，多多少少会存在些疑惑，胎教究竟要从哪里入手呢？

父母和胎宝宝最早的触觉交流，是从轻柔的抚摸开始。父母通过手感受胎宝宝的胎动，胎宝宝也通过温柔的爱抚感受到父母的爱。胎教就是从爸爸妈妈的抚摩开始的。在妊娠期间，孕妇经常温柔地抚摩一下腹内的胎宝宝，这是一种简便有效的胎教运动，值得每一个孕妇采用。具体而言，抚摸胎教的益处有哪些呢？

### 1. 增进母子关系

抚摸式胎教的过程中，不仅让胎宝宝感受到父母的关爱，还能使准妈妈身心放松、精神愉快。通过对胎宝宝的抚摸，母子之间沟通了信息，交流了感情，并激发了胎宝宝的运动积极性，可以促进他出生后动作的发展。在动作发育的同时，也促进了大脑的发育，会使宝宝更聪明。

### 2. 激发胎宝宝运动能力

抚摸还能激发胎宝宝活动的积极性，促进运动神经发育。经常受到抚摸的胎宝宝，对外界环境的反应也比较机敏，出生后翻身、抓握、爬行、坐立、行走等大运动发育都能明显提前。

### 3. 促进胎宝宝智力发育

父母对胎宝宝轻柔的抚摸不仅可以锻炼胎宝宝对皮肤的感知，还可以通过胎宝宝的触觉神经体验体外的世界，尤其是父母通过抚摸腹部带来的一连串的刺激，更加速了胎宝宝大脑细胞的发育，使胎宝宝智力发育更加完善。

## 抚摸胎宝宝要讲究方法

一般情况下，在孕妇怀孕3个月的时候胎宝宝就已经开始活动，运动项目并不单一，也不枯燥乏味，相反，他的活动是丰富多彩的，包括吞吐羊水、眯眼、握小拳头、咂摸指头、伸展四肢等多项"大型"活动。大约在怀孕4个月时，孕妇即可感觉出有胎动了。

最初抚摸胎宝宝，由于胎宝宝的月份还小，孕妇一般不容易感觉到胎宝宝所发出的信号，而随着胎宝宝月份的增长与孕妇对妊娠的逐步体会，渐渐地就会发觉，每当抚摸腹内的小家伙时，他就会用小手来推或用小脚来踹母亲的腹部。一般过了孕早期，抚摸胎教就可以开始了。在胎宝宝发脾气、胎动激烈时，或在各种胎教方法之前可应用抚摸胎教。

### 1. 准备

（1）抚摸胎宝宝之前，准妈妈应排空小便。

（2）抚摸胎宝宝时，准妈妈应避免情绪不佳，保持稳定、轻松、愉快、平和的心态。

（3）进行抚摸胎教时，室内环境要舒适，空气新鲜，温度适宜。姿势是：孕妇仰卧在床上，头不要垫得太高，全身放松，呼吸匀称，心平气和，面部呈微笑状，双手轻放在腹部，也可将上半身垫高，采取半仰姿势。不论采取什么姿势，都一定要感到舒适。

## 2. 方法

双手从左至右，从上至下，轻柔地抚摸胎宝宝，这时心里可以想象胎宝宝在你温柔细腻的双手的爱抚之下流露的幸福甜蜜的感觉。与此同时，准妈妈还可时不时满怀深情地诉说着对胎宝宝的喜爱之情。

每一次做2～5分钟，每天做2次。如果可以在轻松、愉快的音乐环境中进行，效果会更佳。

### 小贴士

特别要注意的是，有的孕妇在孕中期、孕晚期经常会有一阵阵的腹壁变硬，可能是不规则的子宫收缩，此时千万不可进行抚摸胎教，以免引起早产。如果孕妇有不良产史，如流产、早产、产前出血等，则不宜使用抚摸胎教，可用其他胎教方法替代。

第四章

# 音乐胎教——听一听，让胎宝宝更安心

## 音乐胎教的魅力

在生活中，人们经常把适合母亲和胎宝宝聆听的音乐叫做胎教音乐。由此可知，胎教音乐对于孕妇和胎宝宝的身心健康的影响都是不可低估的。

医学研究表明，音乐是通过生理作用和心理作用两条途径影响胎宝宝生长的，能使母子保持良好的心境。

音乐胎教，是通过对胎宝宝不断地施以适当的乐音刺激，为优化后天的智力及发展音乐天赋奠定基础。在心理方面，胎教音乐能使母亲心旷神怡、浮想联翩、宁静轻松，从而改善不良情绪，保持良好的心境，并将母亲的感觉信息传递给胎宝宝，使胎宝宝的心理变化与母亲同步。

## 与母子的生理节奏产生共鸣

在生理方面，胎教音乐使母亲的心率平稳，呼吸舒畅。这样，胸腹之间横膈膜的运动也相应地平稳，流过大动脉的血流速度不疾不缓，这些运动和声响传入胎宝宝的耳中，使他感到自己的生存环境是平和安逸、和谐而美好的。同时，胎教音乐那悦耳动听的音响，不断传入母亲和胎宝宝的听觉器官，通过听觉器官的传导，对大脑皮层产生良性刺激，从而调节和改善大脑皮层的紧张度，促使体内一些激素的正常分泌，进而调节全身的健康状况，使母亲和胎宝宝的身心都保持一种最佳状态。研究表明，胎教音乐中的节奏还能与母体和胎儿的生理节奏产生共鸣，进而促进胎宝宝全身各器官的活动。

许多医生都做过类似的试验：对胎宝宝定时播放柔美抒情的胎教音乐，朗诵诗歌，讲故事，唱歌，每当孕妇沉浸在胎教音乐的氛围里，胎宝宝的心率便趋于稳定，胎动也平缓有规律。待婴儿出生后再播放相同的胎教音乐时，婴儿就会循声张望，表现出极大的兴趣，并且神情愉快，反应敏捷，特别是对爸爸妈妈的呼喊，能很快地辨别和寻找出来，从而使婴儿性格和动作发育明显早于同龄婴儿。

优美清扬的音乐旋律总会在孕妇和胎宝宝的大脑皮层留下深刻而久远的印记，不管是心理还是生理，产生的影响同样是深远的，且是其他方式无法替代的。

## 母唱胎听法

每天，准妈妈小声吟唱着自己喜爱且有益于自己和胎宝宝身心健康的歌曲来感染胎宝宝，调动胎宝宝的情绪。准妈妈在歌唱时要保持心情舒畅，感情丰富，仿佛与小宝宝面对面一般，倾诉着妈妈对宝宝的一腔柔爱之情。准妈妈在哼唱时要凝思于腹内的胎宝宝，其目的是唱给胎宝宝听，使自己在抒发情感与内心寄托的同时，让胎宝宝得到美乐的享受。这是最简便易行的音乐胎教方式，适于每一个准妈妈。

胎宝宝虽具有听力，但毕竟只能听不能唱。准妈妈要充分发挥自己的想象，让腹中的宝宝神奇地张开蓓蕾般的小嘴，跟着你的音乐和谐地"唱"起。当准妈妈选好了一支曲子后，自己唱一句，随即凝思想像胎宝宝在自己的腹内学唱。

可先将音乐的发音或简单的乐谱反复轻唱几次，如多、来、咪、发、嗦、拉、西，每唱一个音符后等几秒钟，让胎宝宝跟着"学唱"，然后再依次进行。本方法由于更加充分利用了母胎之间的"感通"途径，其教育效果是比较好的。

> **小贴士**
>
> 医学研究表明，胎教对于胎儿性格的养成是非常重要的一环，母亲的性格对于胎儿的影响非常大，胎儿可以敏锐地感知到母亲的思维、情绪和母亲对自己的态度。

## 音乐熏陶法

有音乐修养的人，一听到音乐就进入了音乐的世界，情绪和情感都变得愉快、宁静和轻松。准妈妈每天定时欣赏一些名曲和轻音乐，如《春江花月夜》、《江南好》等传统乐曲，还有施特劳斯的《春之声》圆舞曲等。

准妈妈在欣赏音乐时，要沉浸到乐曲的意境中去，如痴如醉，旁若无人，如同进入美妙无比的仙境，遐思悠悠，以获得心理上、精神上的最大享受和满足，当然就可以收到很好的胎教效果。

## 音乐灌输法

这种音乐胎教的方法是英国心理学家奥尔基发明的。可将耳机或微型录音机的扬声器置于准妈妈腹部，并且不断地移动，将优美动听的乐曲源源不断地灌输给母腹中的胎宝宝。每天重复2～3次，每次20分钟左右，一次播放2～3支乐曲。

注意音量不宜过大，时间不宜过长，以免胎宝宝听得过分疲劳。

小芳是个怀孕20周的准妈妈，她非常喜欢这种音乐灌输法。她觉得，在音乐伴奏与歌曲伴唱的同时，朗读诗或词以抒发感情，是一种很好的音乐胎教形式。而且自己的宝宝也喜欢得不得了。

科学胎教主张在一套音乐胎教当中，器乐、歌曲与朗读三者前后呼应，优美流畅，娓娓动听，达到有条不紊的和谐统一，具有很好的抒发感情作用，能给母子带来美的享受。

适宜准妈妈的音乐胎教，远不止这几种，因人而异，每一个准妈妈都可根据自身的具体情况来选择相应的音乐胎教方法，使胎宝宝健康快乐地成长。

## 音乐胎教方案精心择取

音乐的风格有很多，所以并不是任何音乐都可以对胎宝宝的身心健康带来有益的影响，音乐风格的不同对人的心理行为产生的影响也不同。

胎教音乐主要有两种：一种是给母亲听的，特点是优美、宁静、情绪安静；另一种则是供胎宝宝欣赏的，以E调和C调为主，基调是轻松、活泼、明快，能较好地激发胎宝宝情绪反应。

胎宝宝和成人一样，也有自己独特的性格和气质，有的好动，有的好静，对这些不同性格的胎宝宝还应本着因材施教的原则，区别对待。目前市面上也有大量编辑成套的胎教音乐磁带出售，父母们可根据个人的喜好从中选择。

### 1. 欢快明朗音乐

如《江南好》、《春风得意》、《月亮代表我的心》等，听着这些曲子，心情自然而然就欢快了起来。

### 2. 平静放松音乐

如民族管弦乐曲《春江花月夜》、《塞上曲》、《小桃红》以及古琴曲《平沙落雁》等。

解除忧郁的音乐《喜洋洋》、《春天来了》及约翰·施特劳斯的《春之声圆舞曲》等。这类作品使人心情平静，仿佛看到春天穿着美丽的衣裳同我们欢聚在一起，其曲调优美酣畅，起伏跳跃，旋律轻盈优雅。

### 3. 消除疲劳音乐

如《假日的海滩》、《锦上添花》、《矫健的步伐》，奥地利作曲家海顿的乐曲《水上音乐》等。这类作品清丽柔美，抒情明朗，在疲劳的生活中多听听这些音乐，会让人舒适无比。

### 4. 促进食欲音乐

如果有时候胃口不好，可以听听《花好月圆》、《欢乐舞曲》等。这些作品充满生活热情，令人心情愉快，食欲大增。

胎教音乐的选择应根据自己的身体状况、兴趣爱好以及胎宝宝的承受能力综合考虑，不能光凭自己的一时兴趣。

## 莫走入音乐"黑洞"

美妙动听的音乐可以对人体产生有益的影响。为了让自己的宝宝在出生之后可以健康快乐地成长、头脑聪明伶俐，很多家长都会进行音乐胎教，开发胎宝宝的智力。但有关专家指出，错误的音乐胎教会伤害胎宝宝。常见的音乐胎教误区如下：给胎宝宝听节奏较快音量较高的乐曲。太快的节奏会使胎宝宝紧张，太高的音量会令胎宝宝不舒服。因此，节奏太强烈、音量太高的摇滚乐就不适合作为胎教音乐。音乐的音量应该控制在一定范围之内，如果音量开得较高，就会使胎宝宝在孕妇体内躁动不安，长此以往，对于胎宝宝体力的耗费太大，可能会造成新生儿体重过低，更严重的还会对神经系统产生不良影响。

通常来说，胎儿4个月时就有了听力，长到6个月时，胎儿的听力发育得接

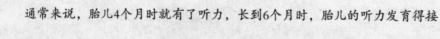

近成人了。此时适当进行胎教可以刺激胎儿的听觉器官，帮助胎儿大脑的开发。许多孕妇知道音乐胎教有好处，但是不知道怎样的胎教方式才是正确的。

不少孕妇直接把收音机、随身听等放在肚皮上，长时间让胎儿听。这是很错误的一种做法。由于胎儿的耳蜗发育还很稚嫩，如果受高频声的刺激，易造成不可恢复的损伤，严重的话会造成宝宝失聪。

### 1. 给胎宝宝听音乐的时间过长

有的父母听说音乐胎教好，就从早到晚地放音乐，其实这样的做法是不科学的。胎教音乐不宜过长，5～10分钟的长度是较适合的，超过这个时间，胎宝宝的听觉神经和大脑会疲劳，反而起到不好的作用。

### 2. 在腹部播放音乐

音乐灌输法是音乐胎教方法的一种，但是这一方法的实施要特别注意。将音乐播放器直接放在孕妇的腹壁上时，如果音量过高，即使你听起来不高，但由于离胎宝宝太近，也会影响甚至伤害婴儿的听力。所以，给胎宝宝听音乐应使用无磁胎教传声器，音乐频率范围在500～1500赫兹。

### 3. 随意购买胎教传声器

由于胎教的盛行，市面上因此逐渐出现了许多关于胎教方面的产品，而有些产品是不合格的，可能还是假冒伪劣产品。所以，要想在一个安全的环境下进行胎教活动，应该购买那些经过卫生部鉴定、能够保护胎宝宝耳膜的传声器。胎教传声器放在孕妇的腹壁，胎宝宝头部相应的部位，音量的控制可依照成人隔着手掌听到的传声器的音响强度，也就等同于胎宝宝在准妈妈体内听到的音响强度。

# 第五章

# 联想胎教——想一想，让胎宝宝更怡心

## 联想胎教的重要意义

联想胎教作为胎教的一种，就是想象生活中的一切美好的事物，让孕妇处在一种美好的意境之中，尽心畅想，之后孕妇再把这种幸福美好的情绪及自身体验传递给体内的胎宝宝。联想胎教意义就在于孕妇的意念可以对胎宝宝产生影响。例如，孕妇可以想象漂亮娃娃的画像，想象名画、美景、乐曲、诗篇等所有美的内容。

### 1. 对胎宝宝的"干预"作用

由于联想对胎宝宝具有一定的"干预"作用，母亲的联想内容十分重要，美好内容的联想无疑会对胎宝宝产生美的熏陶，内容不佳的联想，则会起到相反的作用。所以在实施联想胎教的时候，一定要想那些最美好的事物。早已有实例证明，由于胎宝宝意识的存在，孕妇自身的言语、感情、行为以及联想内容均能影响胎宝宝，"干预"一直会持续到出生后，因此孕妇联想内容的优劣十分关键。

### 2. 异常反应的作用

在日常生活中，少数孕妇由于怀孕后的身体不适而出现对胎宝宝怨恨的心理，产生不好的联想感受，这时胎宝宝在母体内就会意识到母亲的这种不良感受，从而引起精神上的异常反应。许多专家认为，在这种情况下发育的胎宝宝出生后可能会有情感障碍，出现感觉迟钝、情绪不稳、易患胃肠疾病、体质差等现象。

　　为了避免胎宝宝受到不良情绪的影响，孕妇在妊娠期间必须排除那些不良的意识及联想，尽可能多想些美好的事情，保持自己身心快乐，将善良、温柔的母爱之情淋漓尽致地表现出来，通过不同的形式的爱的呵护，促进胎宝宝的成长。

## 想象中宝宝的模样

　　联想胎教有很多方法，其中的重要一项就是，想象你体内的宝宝的模样，到底是漂亮，还是英俊呢？

　　从知道自己怀孕的那一天起，孕妈妈就会不厌其烦地在心里描绘自己宝宝的样貌，时不时地想象他是长得像我多一点，还是会像丈夫多一点呢？要知道孕妇的想象也可以作为一种胎教，对胎宝宝进行引导教育，开发胎宝宝的智力，所以不可以胡思乱想，想象一定要对胎宝宝的生长发育有益才行。

### 1. 用意象塑造理想中的宝宝

　　心中美好的愿望，能在我们的言行、举止和生命中表现出来。正因为先有了怀孕的愿望，然后才有了生命生长的实际。从胎教的角度来看，孕妇的想象能通过意念构成胎教的重要因素，转化渗透在胎宝宝的身心感受之中，影响着胎宝宝的成长过程。因此，你完全可以强化"我的宝宝应该是这样的"愿望，盼望着他的到来，用自己的意象塑造理想中的胎宝宝。

## 2. 把美好的愿望具体化

想象胎教要求从受孕开始，准妈妈就应该设计宝宝的形象，把美好的愿望具体化、形象化，想象着宝宝应具有什么样的模样，什么样的性格，什么样的气质等。常常看一些你所喜欢的儿童画和照片，仔细观察你们夫妻双方，以及双方父母的相貌特点，取其长处进行综合，在头脑中形成一个清晰的印象，并反复进行描绘。

对于全面综合起来的具体形象，以"就是这样一个宝宝"的坚定信念在心底默默地呼唤，使之与腹内的胎宝宝同化。久而久之，你所希望的东西潜移默化地变成了胎教，为胎宝宝所接受。

## 3. 孕妇怎样设计宝宝的形象

一般来说，孕妇可以把自己的想象通过语言、动作等方式传达给腹中的宝宝，并且要持之以恒。还可以和丈夫一起描绘自己所希望的婴儿的模样。

孕妇可预先购买、设计制作一些宝宝出生后的日常生活用品，例如玩具娃娃、汽车模型等。在悉心准备的过程中，无形当中加强了母子之间的交流，培养了准妈妈与胎宝宝之间的感情。

孕妇和丈夫为宝宝尽心呵护的过程中，彼此的精神得到充实，也加强了为人父母的愉快体验。

### 小贴士

创造性审美想象，是一种能充分发挥和调动主观能动性的心理活动，它可以使任何一个人的生活变得充实和快乐。对于孕妇来说，她们更需要快乐、满足和美感。

# 带胎宝宝感受自然的气息

当人感觉身心疲惫的时候，总是喜欢将自己投入大自然的怀抱，呼吸一下新鲜的空气。走进自然，感受清新美妙的世界，对一个新生命来说，何尝不是必要的呢？带胎宝宝投身自然是促进胎宝宝脑部发育，开发胎宝宝智力很重要的胎教基础课。

## 1. 胎宝宝和母亲分享感受

走进大自然，眼前的一切都是母亲看见的，但是胎宝宝也可以分享母亲的感受。在大自然中，母亲可以欣赏到飞流直下的瀑布之美，欣赏到幽静的峡谷、潺潺的泉水……大自然就像一首诗，不著一字，意象深远。赏心悦目的感受中，可以将这些美景不断地在大脑中汇集、组合，然后经母亲的情感通路，将这一信息传递给胎宝宝使他受到大自然的陶冶。

## 2. 感受清新的空气

大自然中清新的空气对于人类的健康有极大的益处，对孕妇更是如此。孕妇在早上起床之后，到有树林或者草地的地方去做操或散步，呼吸那里的清新空气，树林多的地方以及有较大面积草坪的地方，尘少，噪声小。那些在密闭空调环境中工作的孕妇，除早晨外，在工作休息时也应到树木、草坪或喷水池边走走。晚上最好能开小窗睡眠，若天太冷可关窗，但应在起床后，打开所有的窗户换空气。

在空闲的时候，和丈夫或者亲朋一起去郊外散散心，畅心游玩一番，也不失为一种呼吸新鲜空气的好方法。这样不仅可以让孕妇和胎宝宝有秀丽的田园景色可以欣赏，而且可以让身心得到放松，对胎宝宝的身心健康也颇为有益。含氧丰富的血液使胎宝宝像喝足水的庄稼一样，有时还会在母腹中手舞足蹈，以表示感激之情呢。

第六章

# 光照胎教——晒一晒，让胎宝宝更舒心

## 光照胎教要择时

进行光照胎教最好的时间是在怀孕24周的时候就开始实施。每天，孕妇可以按时在胎宝宝觉醒的时候拿着手电筒，利用手电筒微弱的光源照在腹部胎头的方向，每次进行大约5分钟就可以了。为了让胎宝宝适应光的变化，结束前可连续闭、开手电筒数次，以利于胎宝宝的视觉健康发育。在用光照射时，切忌用强光，照射的时间也不宜过长。

### 小贴士

胎儿的感觉功能中视觉发育得较晚，一般7个月的胎儿视网膜才具有感光功能。只要是不太刺激的光线，皆可以给予胎儿脑部适度的明暗周期，刺激脑部发育。孕妇可以在晴朗天气外出散步，同样能让胎儿感受到光线强弱的对比。

## 光照胎教怎样进行

光照胎教法指的是通过光源对胎宝宝的大脑进行适度刺激，从而训练胎宝宝视觉功能的一种胎教方法。在孕妇怀孕25周前和32周之后，体内的胎宝宝总是把小眼睛紧紧地闭着，不愿睁开眼睛，好像是看不到任何东西。其实，胎宝宝的视觉在怀孕第13周就已经形成了。虽然胎宝宝不愿去看东西，但对光却很敏感。用胎宝宝镜观察可发现，妊娠4个月时胎宝宝对光就有反应。当胎宝宝入睡或有体位改变时，胎宝宝的眼睛也在活动。

怀孕后期，如果将光射进子宫内或用强光多次在母亲腹部照射，可发现胎宝宝眼球活动次数增加，胎宝宝会安静下来。用B超检查仪还可观察发现，用手电筒一闪一灭地照射孕妇的腹部，胎宝宝的心率就会出现剧烈变化。

在妊娠期间，适时地对胎宝宝给予光刺激，可使胎宝宝视网膜光感细胞的各项功能尽早得以完善，出生后宝宝的眼睛更加明亮，视觉效果更佳。

# 语言胎教——说一说，让胎宝宝更慧心

## 语言胎教须知

语言胎教是胎教中最常用的方法之一，即充分利用语言手段，刺激胎宝宝的听觉器官，使胎宝宝脑细胞和神经系统在分化、成熟的过程中，能受到经常性、有规律的调节和训练。其方法共有两种：一是直接对胎宝宝进行发音训练，或者教给胎宝宝一两句古诗、儿歌等；二是使用儿童语言对胎宝宝说话，给胎宝宝讲童话、故事。两种方式可以同时运用。

语言胎教一般在怀孕5个月时开始，到妊娠末期和临近分娩时效果更好。其要求是：

①要循序渐进，不可操之过急。

②要讲究科学训练，避免机械重复。

③和胎宝宝说话时，要形象生动，富有情趣，切忌成人化。

④选择的词语，要具有实际意义，且与胎宝宝今后的生活有着密切的联系，如爸爸、妈妈、宝宝、牛奶、穿衣、睡觉等。

⑤选择的古诗、儿歌等，音节要自然流畅，语句要简洁明快，不宜太长太繁。如"春眠不觉晓，处处闻啼鸟"；"白日依山尽，黄河入海流"等效果就很好。

## 与胎宝宝交流并不是难事

胎宝宝并不是人们想象的没有思想，不能思考，其实他们具有敏锐的感受

38

力和学习力。在父母与胎宝宝长时间的交流中，母亲腹中的宝宝就已经开始熟悉和记忆母亲的声音，甚至对父亲也一样，听到熟悉的声音会让胎宝宝感觉舒适和安定。准爸妈如果能时常以温柔的声音和胎宝宝说话，可以让胎宝宝有被爱的感觉。

### 1. 生活中的点点滴滴都可以告诉他

当你早晨起来的时候，你应该先对胎宝宝说一声"早上好"，告诉他早晨已经到来了。打开窗帘，推开窗户，呼吸着清新的空气，这时你可以告诉宝宝："小宝宝，今天的天气真不错。"当你洗脸、刷牙时，都可以念念叨叨，还可以告诉他肥皂为什么起泡沫，吹风机为什么能把头发吹干……

小慧怀孕已经将近3个月了，每天她都会和胎宝宝说话，虽然她觉得胎宝宝根本就听不到。可是有一天早上，她因为忙碌没有和宝宝说话，小芳感觉胎宝宝在自己的肚子打起了太极，动作越来越大，胎宝宝让小芳感到心烦意乱，和丈夫立即到医院检查，医生告诉他们："不用担心，胎宝宝之所以会有这么大的反应，是因为你每天都会和他说话，今天没有听到你的声音才会有这么大的反映，这是胎宝宝不安的表现。"听到医生这样说，小芳和丈夫惊奇地问一声："现在胎儿就应经有听觉了吗？怎么可能呢？"医生告诉他们，在4个月的时候，胎儿的听觉、触觉神经已经开始发展，所以，孕妇在4个月左右做超声波检查，可以看见胎宝宝在子宫中玩耍。通过语言胎教，可以使胎宝宝与母亲之间的互动增加，有助于胎宝宝未来的发展，并且可以增加胎宝宝与母亲的交流。

据专家介绍：一般正常胎宝宝，受到外界刺激就会有反应，从而产生胎动，如果没有胎动，就表示胎宝宝不太健康。所以，观察胎动，也是孕妇在家自我检查的方式。

总之，母亲可以把生活中的一切都对胎宝宝叙述。通过和胎宝宝一起感受一天的生活，母亲会觉得生活很充实。通过点点滴滴的日常语言胎教，母子之间的感情纽带会更牢固，并且有助于培养胎宝宝对母亲的信赖感，打下对外界感受力和思考力的基础。户外语言胎教不仅有利于孕妇的身体健康，也可以为进行胎教的母亲提供了解社会、接触更多事物的机会。看到菜市场、花店、超市、高楼大厦，都可以告诉胎宝宝那里是干什么的，也可以到风景宜人的公园，感受大自然的勃勃生机和人们的快乐，把自己的所见所闻描述给胎宝宝听。

### 2. 借助于书刊画册

在准妈妈进行语言胎教的时候，尤其是对于书刊画册的讲解要丰富多彩，声情并茂，这样胎宝宝就会有身临其境之感，对胎宝宝的身心不无裨益。为了更好地实施语言胎教，在书刊画册的选择上最好是挑选那些颇具情趣的话题以通过感官和语言的表达传递到胎宝宝的大脑里，来刺激胎宝宝的神经中枢系统，开发胎宝宝的思维能力，刺激胎宝宝的好奇心。

## 父与子的爱心交流

胎教不单纯是孕妇的事，需要丈夫做的工作也有很多，以下几件事情是需要丈夫全身投入去做的。

### 1. 经常和胎宝宝说说话

丈夫通过动作和声音，与妻子腹中的宝宝说说话，是一项十分必要的胎教措施。日本育婴文化研究所的谷口裕司在妻子妊娠期间，曾经试验过"父亲式的胎教"：在每天晚上睡觉前，把手放在妻子的腹部，跟胎宝宝说上几句话。常说的话是："你今天又长了这么多，我是你爸爸哟。"通过丈夫抚摸妻子的腹部，对孕妇产生良性刺激，不仅是孕妇的一种精神与机体享受，胎宝宝也从中受益不少，尤其是对于情绪和精神紧张的孕妇来说，这是一剂良好的安慰剂。

丈夫与妻子腹中胎宝宝的谈话，不一定要拘于某种形式，其内容宜丰富一些，诸如问候胎宝宝、安慰胎宝宝等。在与胎宝宝搭话时要善于揣测妻子的心理活动，仔细琢磨一下爱人需要听什么话，要通过妻子良好的心理感受而产生积极的胎教效应。

## 2. 给胎宝宝讲故事

丈夫给妻子腹中的胎宝宝讲故事时，要把未降生的胎宝宝当成懂事的大宝宝一样看待，最关键的是要争取妻子的积极参与，通过妻子的心理感受来转化为教育因子而作用于胎宝宝。故事内容宜轻松愉悦，娓娓动听，切勿讲授使妻儿产生恐惧心理的故事。

## 3. 给胎宝宝放音乐

给胎宝宝听的音乐，丈夫在选择上最好先取得妻子的同意，至少放妻子比较喜欢听的，否则就不会起到胎教的作用。另外还需要根据胎宝宝胎动频度进行辩证地选择。如果胎动频繁，应放一些柔和轻松的曲子；如果胎动较弱，则需放一些雄壮有力而又节奏感比较强的音乐。

在配合妻子进行胎教的过程中，还有许许多多的事情需要丈夫去做，诸如给胎宝宝听胎心、唱儿歌、诵诗词等，都是很好的胎教措施。

### 小贴士

父母亲切的语调、温柔的语言会通过语言神经的震动传递给胎儿，使他产生一种安全感，促进大脑发育并产生记忆力。此外，还能加深父母与宝宝之间的感情，为宝宝出生后的早教开发打好坚实的基础。

## 语言胎教怎样进行

在妊娠期间，胎宝宝不仅仅是妈妈的宝宝，还是老师的乖学生。其实胎宝宝在腹中是可以"学习"的，乍听起来好像很不可思议，但科学实验表明，胎宝宝也有"学习"能力，只是胎宝宝这时候的学习不同于出生后的学习，只是父母通过语言对宝宝产生一种潜移默化的影响而已。实践已经证明，语言胎教对胎宝宝的成长具有非常重要的意义，具体的语言胎教方法可以参照以下几点：

### 1. 语言讲解要视觉化

在进行语言胎教时，不能对胎宝宝念画册上的文字解释，而要把每一页的画面细细地讲给胎宝宝听。把画面的内容视觉化，胎宝宝虽然不能看到画册上画的形象或外界事物的形象，但母亲用眼看到的东西，胎宝宝用脑"看"即能感受到。母亲看东西时受到的视觉刺激，通过生动的话言描述就视觉化了，胎宝宝也就能感受到了。

将形象与声音结合，像看到影视的画面一样，先在头脑中把所讲的内容形象化，然后用动听的声音将头脑中的画面讲给胎宝宝听。这样，就是"画的语言"。这样，你就和胎宝宝一起进入你讲述的世界。

### 2. 把形象和情感融合

干巴巴地讲，自然收不到好效果，要创造出情景相生的意境。例如你到大自然中散步；一边走一边看，感到轻松愉快，有一种安详、宁静的情绪荡漾在心头的感觉。这时，你就用这样的心情把所见所闻讲给胎宝宝听："宝宝，你看见红花和绿草了吗？它们是那么的美丽，等你长大了和妈妈再一起来这里好吗？"

第八章

# 运动胎教——动一动，让胎宝宝更贴心

## 运动胎教真实记录

运动是胎宝宝生长发育的必由之路。在怀孕第7周的时候，胎宝宝就已经有所感觉，开始了自发的"体育运动"，这样说来，胎宝宝还是一个小运动健将呢。从眯眼、吞咽、咂手、握拳，直到抬手、蹬腿、转体、翻筋斗、游泳，胎宝宝的全身骨骼、肌肉和各器官在运动中得到锻炼和发展，胎宝宝也在运动中逐渐长大。胎教理论的宗旨是适时对胎宝宝进行适当的运动刺激和必要的训练，换句话说，就是要适时适当地对胎宝宝进行"运动"胎教，从而促进胎宝宝的身心发育，开发胎宝宝的智力。

怀孕初期，可以适当对胎宝宝进行宫内运动训练：孕妇仰卧，全身放松，先用手在腹部来回抚摩，然后用手指轻按腹部的不同部位，并观察胎宝宝有何反应。开始时动作宜轻，时间宜短，等过了几周，胎宝宝逐渐适应之时，就会做出一些积极反应。

这时可稍加一点运动量，每次时间以5分钟为宜。

怀孕中期，就可以轻轻拍打腹部，并用手轻轻推动胎宝宝，让胎宝宝进行宫内"散步"活动，如果胎宝宝蹬足，可以用手轻轻安抚他。

研究表明，凡是受过运动胎教的胎宝宝，出生后翻身、坐立、爬行、走路及跳跃等动作的发育都明显早于一般宝宝。因此，运动胎教是一种积极有效的胎教方法。

# 拍打宝宝要动情

在宝宝出生前期，作为妈妈的你都仅仅是凭借胎动来了解胎宝宝的生活规律和健康状况，而胎宝宝同样是通过 "拳打脚踢"来和妈妈玩乐、"聊天"的。怀孕中期以后的胎宝宝，体表绝大部分表层细胞已具有接受信息的初步功能，子宫中羊水的流动不断向胎宝宝提供更多的触觉刺激。母亲通过深情款款地拍打腹壁，给予胎宝宝良好刺激，可增进胎宝宝的智力发育。拍打胎教也可算作运动胎教的一种，拍打胎教在孕妇怀孕6个多月的时候进行最适合。

## 1. 拍打前的准备

（1）拍打胎宝宝之前，孕妈妈应排空小便。

（2）进行拍打胎教时，室内环境应舒适，空气新鲜，温度适宜。

（3）拍打胎宝宝时，孕妈妈应避免情绪不佳，保持稳定、轻松、愉快、平和的心态。

## 2. 拍打时的姿势

孕妇全身放松，呼吸匀称，心平气和，仰卧在床上，头不要垫得太高，面部呈微笑状，双手轻放在胎宝宝位上，也可将上半身垫高，采取半仰姿势。不论采取什么姿势，感到舒适就好。

## 3. 拍打的方法

拍打胎教可以和抚摸胎教相结合，做完抚摸胎教之后可以进行拍打胎教。

将手掌平贴于孕妈妈腹壁，食指放中指上，然后食指迅速滑下，轻轻拍打腹壁，刺激胎宝宝活动，如同与胎宝宝玩耍一般。拍打胎教要在胎动较频繁时进行。每次持续3~5分钟，每日1次。

# 运动胎教有诀窍

孕妇，往往被全家人呵护、宠爱着。有些孕妇过于小心，就连走路都担心会伤及胎宝宝，所以不敢参与适当的劳动和必要的运动，看似呵护备至，其实对胎宝宝并无益处。适当的运动可以让孕妇全身肌肉都活动起来，加速血液的流动，血液循环可以增加母子血液的交换，增进食欲，使胎宝宝得到更多的营养；还可以增强腹肌、腰背肌和骨盆底肌的能力，有力地改善盆腔充血和使分娩时的肌肉放松，减轻产道的阻力，顺利分娩。但根据妊娠阶段的不同，运动也应有所不同。

## 1. 怀孕早期的运动

在怀孕早期，妊娠反应一般比较严重，但是孕妇可以进行适当的运动，这不但可以使孕妇转换心情，而且对胎宝宝的发育也是非常有益的。

（1）到处走走：到处走走就是散步，散步是怀孕后运动锻炼形式中最好的一种。它不受条件限制，可以自由进行。

益处分析：在到处走的过程中，可以边呼吸新鲜空气，边欣赏大自然美景。散步过后，会产生轻微的疲倦感，这对睡眠有帮助，还可以变换心情，消除烦躁和郁闷。

（2）踝关节运动：孕妇坐在椅子上，一条腿放在另一条腿上面，下面一条腿的足平踏地面，上面的腿缓缓活动踝关节数次，然后将足背向下伸直，使膝关节、踝关节和足背连成一条直线。两条腿交替练习上述动作。

益处分析：通过踝关节的活动，可促进血液循环，并增强脚部肌肉力量。

（3）足尖运动：孕妇坐在椅子上，两足平踏地面，足尖尽力上跷，跷起后再放下，反复多次。注意足尖上跷时，脚掌不要离地。

益处分析：通过足尖运动，可促进血液循环，并增强脚部肌肉。

## 2. 怀孕中期的运动

散步是整个怀孕过程中最好的一种运动方式，它可以贯穿运动胎教的始终，到了孕中期以后，孕妇还可做些其他运动。

（1）盘腿坐：早晨起床和临睡时盘腿坐在地板上，两手轻放两腿上，呼吸保持均匀，两手用力把膝盖向下推压，做1次深呼吸，然后将手放开。如此一压一放，反复练习2～3分钟。

益处分析：此活动通过伸展肌肉，可达到松弛腰关节的目的。

（2）骨盆扭转：仰卧，左腿伸直，右腿向上屈膝，足后跟贴近臀部，然后，右膝缓缓倒向左腿，使腰扭转。接着，右膝再向外侧缓缓倒下，使右侧大腿贴近床面。如此左右交替练习，每晚临睡时各练习3～5分钟。

益处分析：可促使骨盆关节和腰部肌肉变得柔软。

（3）骨盆振动：仰卧、屈膝，腰背缓缓向上呈反弓状，复原后静止10秒钟再重复。然后，两手掌和膝部着地，头向下垂，背呈弓状，然后边抬头、边伸背，使头背在同一水平上，接着仰头，使腰背呈反弓状，最后头向下垂，反复。

益处分析：目的是松弛骨盆和腰部关节，使产道出口肌肉柔软，强健下腹肌肉。

（4）腹式呼吸：腹式呼吸应从卧位开始，分4步进行：第一步用口吸气，同时使腹部鼓起；第二步再用口呼气，同时收缩腹部；第三步用口呼吸熟练后，再用鼻吸气和呼气，使腹部鼓起和收缩；第四步在与呼吸节拍一致的音乐伴奏下做腹式呼吸练习。

## 3. 怀孕晚期的运动

怀孕晚期是整个怀孕期最疲劳的时期，因此孕妇应以休息为主。此期的运动锻炼应视孕妇的自身条件而定。除坚持散步外还可以进行以下几种方式的运动，每次以15～20分钟为宜，每周至少3次。

（1）四肢运动：站立，双手向两侧平伸，肢体与肩平，用整个上肢前后摇晃画圈，大小幅度交替进行。或用一条腿支撑全身，另一条腿尽量高抬（注意手最好能扶物支撑，以免跌倒），然后可反复几次。

（2）伸展运动：站立后，再慢慢地蹲下，起缓动作不宜过快，起蹲的幅度应该是尽本人力所能及；双腿盘坐，上肢交替上下落。

进行半仰卧起坐。孕妇平卧，屈膝，身体缓慢抬起从平卧位到半坐位，然后再回复到平卧位，这一运动最好视本人的体力而定。

（3）骨盆运动：孕妇平卧在床，屈膝，抬起臀部，尽量抬高一些，然后徐徐下落。

### 小贴士

运动不仅能增加孕妈妈自身健康，有助于舒缓孕妈妈身体疲劳和不适感，保持心情舒畅，也可增加胎宝宝的血液供氧，加快新陈代谢，从而促进生长发育，利于形成良好的性格。

## 母子间胎动交流

按常理来说，胎动现象会在怀孕第5个月的时候出现，当然不是所有的孕妇都是如此，也有些孕妇会早一些时间感觉到胎动。

在胎宝宝踢第一脚时，妈妈的感觉也许并不是十分明显。但是之后直到生产，妈妈会频繁地感受到胎宝宝在腹中的运动，这将会是一种前所未有的幸福感觉。妊娠后期，胎宝宝会经常通过胎动和妈妈进行交流，而且这种感觉会逐渐加强，甚至会让准妈妈在半夜中惊醒过来。

### 1. 数一数胎动的频率

随着怀孕月份的增加，胎宝宝的动作会变得更加频繁，这种动作频率会在第7个月达到高峰。自此之后，频率开始降低，但动作的力量却会增强。

第20周时，胎宝宝胎动的频率十分不稳定。晚上八九点到第二天上午八九点之间，是胎宝宝在子宫中最为活跃的时刻。有时间的准妈妈可以静下心来，数一数胎动的频率。

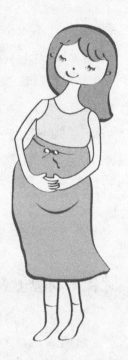

### 2. 找一找胎动的位置

一开始，宝宝在腹中的运动是非常随意的，他会在小腹的任何一处施展自己的"功夫"，准妈妈会频繁地感觉到宝宝的运动。

大多数胎宝宝的姿势都是用背对着母亲的左边，所以如果孕妇以左侧睡姿躺在床上，这样就会在右边的肋缘处感到宝宝的脚在踢。

### 小贴士

妊娠晚期，不宜多做运动胎教。因为宝宝此时已经长大，子宫腔的空间已经不再适合宝宝的活动了。妊娠晚期可着重进行语言和音乐胎教，以强化宝宝的记忆。

## 第九章

# 怡情胎教——笑一笑，让胎宝宝更动心

## 神奇的微笑

　　微笑被称作开在嘴角的两朵太阳花，每个人都喜欢看到微笑的脸。胎宝宝虽看不到母亲的表情是喜是悲，但是母子之间的心意是相通的，胎宝宝可以感受到母亲当时的心情。

　　人的情绪变化与内分泌有关，在情绪紧张或应激状态下，体内一种叫乙酰胆碱的化学物质释放增加，促使肾上腺皮质激素的分泌增多。在孕妇体内这种激素随着母体血液经胎盘进入胎宝宝体内，而肾上腺皮质激素对胚胎有明显破坏作用，影响某些组织的联合，特别是前3个月，正是胎宝宝各器官形成的重要时期，如孕妇长期情绪波动，就可能造成胎宝宝畸形。所以，准妈妈每天都开心一点吧，不要吝啬你的微笑。每天清晨，可以对着镜子，先给自己一个微笑，在一瞬间，睡眼惺忪转为神采焕发，沉睡的细胞苏醒了，让人充满朝气与活力。

　　良好的心态，融洽的感情，是幸福美满家庭的一个重要条件，也是达到优孕、优生的重要因素。一个充满欢声笑语的家庭必然是幸福的。

　　在女人怀孕的这段时间里，最忌讳的就是情绪不稳定。在孕妇怀孕1个多月时，如果不幸受到惊吓、恐惧、忧伤、悲愤等强烈精神刺激，或者精神过度紧张，在这样的状态下很可能会引发流产。在夫妻感情融洽、家庭气氛和谐、心态良好的情况下，受精卵就会"安然舒适"地在子宫内成长发育，生下的宝宝也会更健康，更聪慧。

## 美丽的妈妈孕育漂亮的宝宝

美丽的女性在身怀六甲的时候，难免会使得娇美的体形发生变化。不少人为此而痛苦、烦恼，认为从此便失去了原有的苗条的身材。其实，孕妇本身就有一种别样的美丽，再加上自己的修饰，会达到人美心也美的境地。

要保持仪容美，关键在于整洁，孕妇只要注意卫生，保持整齐，形象一定会大为改观。况且，怀孕虽然使以前的体态美消失了，但同时又是另一种美。由于激素的刺激和血液循环的加快，你的皮肤较以往会变得更加细腻红润，如果以前额头上有皱纹，这时也会消失。你还会发现发质也比以前好得多。

因此，孕妇的美丽别有一番风韵。通过努力，孕妇也会变得更加美丽可爱、光彩照人，而细心的调养也会使身体更加健康，精神更加舒畅，生活更加美满。在这样一个幸福美满、安定舒适的环境中成长，胎宝宝也会潜移默化受到影响，出生之后自然更加乖巧聪慧，讨人喜爱。

### 小贴士

养生专家告诫人们，要保持身心健康，就要适当丰富人们的精神生活。例如：听音乐、看书、读诗词或欣赏美术作品等，这些美好的情趣有利于调节情趣，增进健康，陶冶人的情操，而且对下一代也是非常重要的。

第二篇

# 新生宝宝的抚育：
# 让宝宝聪明又健康

# 第一章

# 精心呵护，从"新"开始

## 哺乳的时间你知道吗

最理想的第1次哺乳的时机，是在婴儿出生后15小时内，当母亲还躺在产床上时就可以喂婴儿，因为在产床上的早期接触，将有助于母亲产生喷乳反应，让以后的哺乳更加顺利。宝宝出生后，多数会在1个小时内尝试吸奶，因为此时婴儿的吸吮反射最强烈，选择剖宫产的母亲可在生产后12小时内喂母乳，其实只要意识恢复，就可以尽早哺乳。

对母亲而言，哺乳产生喷乳反应可以促进乳汁的更多分泌；对婴儿而言，可以得到珍贵的初乳，并学会正确的吸吮方式；透过成功的第1次哺乳经验，也会建立良好的亲子关系，让母亲更有信心地持续哺乳。

不同于喂食配方奶的婴儿，吃母乳的婴儿并没有次数和时间的限制，而是他想吃就给他吃，一天至少可喂食8~12次，不分日夜皆是喂食的时间。至于担心奶水会不够的妈妈大可放心，因为奶水的产生是基于供需原理，婴儿吸吮得越多，母亲的乳腺也随之分泌得越多，婴儿吸得少，奶水也随之变少，所以，确保奶水充足的方法，就是让婴儿多吃奶。

### 小贴士

摇篮式的喂乳姿势：母亲用一手伸入婴儿的背部，经腋下托住婴儿的大腿，让婴儿靠近母亲乳房。喂乳采用坐姿喂乳时，可在母亲大腿与托住婴儿的手之间放个垫子或枕头，以支撑婴儿的身体重量。

# 怎样知道婴儿吃饱了

对于新生儿来说，妈妈的乳汁量大多应该是足够的。从母亲的乳房观察，若乳房胀满，静脉显露，就说明奶量充足。细心的妈妈可估测一下自己的乳汁分泌量，如果从分娩后1星期到3个月，每天的泌乳量有600～900毫升，说明已基本能满足婴儿最初3个月的营养素需要。

那么，怎样判断宝宝是吃饱了呢？

**1. 喂奶时观察宝宝吮奶及吞咽的次数**

乳母有充足奶汁，婴儿在吃奶时能够连续吮吸15分钟左右，并有明显的吞咽声，母亲要注意倾听。正常婴儿在吮奶多次后吞咽一下，平均吸2～4次咽一口；若婴儿吮吸得多而很少有吞咽声，说明奶量分泌不足。

**2. 1次喂哺后能安静入睡的时间**

正常婴儿吃完奶后有满足感，能安静入睡3～4小时，醒后精神愉快，这表示1次喂哺的奶量已够了。如果喂奶后，宝宝仍咬着奶头不放，或哭闹不安，或睡不到2小时左右即醒来哭吵，这都表示他没有吃饱。

**3. 体重是否正常增长**

如果婴儿每月体重能稳步增加500～600克，且面色红润、哭声响亮，则表示乳母的奶量能够满足小儿生长发育的需求。如果每月体重增加缓慢，可能是宝宝每次未吃饱的缘故。

### 4. 注意大小便状况

母乳喂养的新生儿，小便每天6～8次，量中等，大便每天3～4次，呈黄色稀软便，这反映母乳供应良好；如果母乳不足，婴儿粪便颜色稍深，呈绿色稀便或大便量少。当然，上述情况应排除可能喂养不当或其他因素而造成的类似情况。

婴儿吃不饱的原因较多，如母亲没有掌握哺乳技巧，使乳汁分泌不足；有的母亲乳房很大，实际上乳汁不多；也有的是奶汁过稀等。应针对原因进行处理。在哺乳过程中，婴儿常常只吮吸一会儿奶就暂停。几分钟后，他一点奶也不吃了，就应该停止哺乳，帮助他排出吞入胃中的空气。

你的宝宝吃够了，会在你的怀中很安静地睡着，你的乳头也就从他的嘴中滑出。如果你认为他吃得不够，请不要担心，你应该信任你的婴儿：他在任何时候都知道该吃多少。

### 小贴士

宝宝躺在床上吃奶的时候，容易嘴里含着奶入睡，会使牙齿受到严重的腐蚀。嘴里含着奶入睡还容易引起耳鼓发炎，因为奶水会顺着咽喉后面的耳咽管流向耳鼓的后面，使细菌在集聚的奶水里繁殖，酿成炎症。含奶头入睡还容易使新妈妈患乳腺炎。

## 夜间喂奶有学问

当新生儿还没有形成一定的生活规律时，需要妈妈夜间起来喂奶，不然就饿得变成"夜哭郎"。然而夜间在半梦半醒之间给宝宝喂奶很容易发生意外，所以作为妈妈要注意3个喂奶要点。

### 1. 不要让宝宝含着奶头睡觉

有些年轻的妈妈为了避免宝宝哭闹影响自己的休息，就让宝宝含着奶头睡觉，这样会影响宝宝的睡眠，也不能让宝宝养成良好的吃奶习惯，

而且还有可能在母亲睡熟后，乳房压住宝宝的鼻孔，造成婴儿窒息而死亡。

### 2. 保持坐姿喂奶

为了培养宝宝良好的吃奶习惯，避免发生意外，在夜间给宝宝喂奶时，也应像白天那样坐起来抱着宝宝喂奶。

### 3. 延长喂奶间隔时间

如果宝宝在夜间熟睡不醒，应尽量少惊动他，把喂奶的间隔时间延长。一般来说，新生儿期的宝宝，一夜喂2次奶就可以了。

## 人工喂养应注意的问题

在喂哺宝宝时，乳母因为疾病原因而无法进行哺乳时，就应该考虑人工喂养的问题了。也有少数因为工作或其他原因（这应该尽量避免）需要进行人工喂养。在喂养之前，我们有必要也必须了解一些喂养时应注意的问题。

### 1. 奶具消毒

婴儿所用的奶瓶、奶头、汤匙、碗、锅等，每次使用前都必须消毒，并放

在固定盛器内，最好是带盖的盛器内，以保证清洁和消毒质量。

**小贴士**

新生儿出生后有强烈的吸食母乳的欲望和用力吸乳的表现，这是生存的本能。每日能给婴儿一定时间的吸吮母亲乳头的机会，即使少奶或无奶，通过吸吮母亲乳头也能使婴儿心理上得到安慰。

### 2. 奶液调配

婴儿配方奶成分最接近于母乳，因此适合于无母乳的婴儿喂养。奶液宜新鲜配置，防止变质。冲奶时不能用沸水，应用冷却到50～60℃的温水冲调为宜，以免破坏配方奶中的营养成分。剩余奶液不宜放置后供下一次喂养，这一点非常重要，如不严格执行，极易导致婴儿腹泻等疾病。

### 3. 奶量的掌握

不足12个月的小儿宜以配方奶喂养。奶量按说明书介绍的量冲服，并按宝宝服后体重增加的情况增减。

### 4. 试温

喂奶前需先试温，只需倒几滴奶于手背上。切勿由成人直接吸奶头尝试，以免受成人口腔内细菌的污染。

### 5. 喂奶的姿势

婴儿最好斜坐在母亲怀里，母亲扶好奶瓶，慢慢喂哺。从开始至结束，都要使奶液充满奶头和瓶颈，以免将空气吸进。喂奶后需将婴儿抱起，轻拍背部，使空气排出，避免溢奶。

## 如何给宝宝配奶

为婴儿配奶，重要的是要严格按照
罐盒上（或包装上）的说明去做。不要过
分稀释，不要加米汤，也不要随意增加份
量，否则会改变奶液浓度，使婴儿易患肥
胖症甚至更严重的疾病。同时要用烧开过
的水配奶。

### 注意事项

①仔细阅读婴儿配奶的使用说明，严格按其要求操作。

②要先洗手。

③配奶时要专心，多了要倒掉重来。

④扔掉剩奶。

⑤不要再热未食用过的奶，因其内可能已有细菌在繁殖。

⑥不要在微波炉里热奶。

## 1 天该喂几次奶

婴儿每次吃进的奶汁，在胃里要经过3~4小时才能排空，所以一般按每
隔3~4小时喂奶1次为适宜。但在1~6个月龄中期，喂奶间隔也稍有变化。

未满月的婴儿胃容量很小，吸入的奶汁量少，每隔3小时即需喂哺，所以
1昼夜实需喂奶8次左右。这个月龄的婴儿，常有边吃边睡的习惯，往往因奶
量摄入不足，不到3小时就因饥饿而啼哭，此时应即刻喂奶，因此母乳喂养可
不必定时。满月以后的婴儿，可逐步养成定时哺乳的习惯，每次间隔时间增加
到3.5~4小时，每天喂奶次数可减少1~2次。当3~4个月龄以后，婴儿的胃容

量增大，每昼夜喂奶可改为5~6次，并应考虑减去夜间的喂奶。要做到这一点只需在临睡前把婴儿喂饱，使宝宝不会因饥饿而惊醒，只要睡得好，母亲不必为了喂奶而唤醒他。因为夜间休息的时候，无需增加热能，只需维持基础代谢即可，睡前喂饱已能够满足夜间的需要。在做法上可适当推迟睡前的一次喂奶时间，如晚上10点左右，早上提前在清晨4~5点喂奶。这样婴儿一夜都不会感到饥饿，睡得很好，也保证了母亲的休息。4~6个月龄的婴儿，每昼夜只需要喂奶5次已足够了。因为此期已开始增添辅食，更耐饥，替代了部分母乳的喂哺。

## 怎样护理宝宝的肚脐

胎宝宝时期脐带内有血管，连接母体胎盘和胎宝宝血液循环系统。出生后脐带剪断、结扎，但肚脐眼呈新鲜的创面，是细菌入侵的重要门户，如果引起感染，则容易沿血管扩散到全身，形成败血症，因此需要认真护理。正常新生儿脐带结扎1~2天后，即开始逐渐干瘪，5~10天即可脱落。脐带初掉时创面发红，稍微湿润，中间有一直径2毫米左右白色小圆圈，几天后创面就会完全干燥而愈合。以后由于体内脐带血管退化及收缩，使皮肤受牵拉凹陷，形成肚脐。所以护理脐带的关键时期是出生后10天以内，要特别注意保持脐部干燥，切勿被尿布或其他物品弄湿。每天消毒1~2次，可用75％乙醇棉球擦洗，用消毒的纱布包好。部分新生儿由于脐带结扎的带子变松，可有少量的渗液或渗血。如果发现盖在脐带上的纱布被血污染或湿透时，应立即请医生重新消毒结扎。如果发现脐部渗液发黄、有异味或脐部皮肤发红，说明已经发生脐炎，需及时请医生处理。

## 怎样护理宝宝的臀部

在怀孕9个月以后，晓彬生下了宝宝，宝宝皮肤细腻光滑，讨人喜欢。但不久，晓彬无意间发现，宝宝的屁股上出现了许多小红斑，晓彬慌了神，怀疑宝宝是不是得了什么皮肤病，就立刻带着宝宝去了医院。儿科专家告诉她，不用担心。只要以后勤换尿布，对宝宝的小屁股加强护理，就会没事了。晓彬这才舒了一口气。

由于新生儿娇嫩，再加上使用尿布，使新生儿大小便与臀部皮肤接触，若不及时更换尿布，容易使臀部皮肤受损。所以应仔细观察，给宝宝勤换尿布，每次大便后宜用温湿软布将屁股轻轻擦干，不要用太热的水和肥皂。擦干后换上柔软、干燥、清洁的尿布。不要使用橡胶或塑料布，以防尿液不能蒸发，使皮肤受到大小便中氨类物质的刺激。

## 怎样给宝宝穿衣盖被

新生儿的衣服、被褥应该用柔软、吸湿性好、不掉色的棉布做成。衣服式样要简单，易于穿脱，被子的大小、厚薄要适宜。多数家长习惯不给新生儿穿裤子，穿好上衣后，包好尿布，外面裹一条小被子即可。但小被子不宜包得太紧，应给宝宝留有活动的余地。最理想的方法为调节相对恒定的室温，给宝宝穿上衣服后，放进睡袋里，但应选择厚薄适宜、透气性好的睡袋，表面盖上一条大一点的被子也可。为防止宝宝蹬被子，可在被子上端的两角各系一条带子，分别松松地拴(系)在床的两边。

总之，给宝宝穿衣盖被应保持温暖、舒适为宜，可根据季节及室温增减衣服和被褥。应随时观察室温的变化以及宝宝是否有冷、热现象，如宝宝冷了，则全身发凉，尤其双脚发凉；热了则出汗、烦躁、哭闹。细心的妈妈都会发现，宝宝穿同样的衣服，在哭闹及吃奶时容易出汗，所以在宝宝哭闹或吃奶时，可适当移开被子，以防止出汗较多。

## 怎样给宝宝换尿布

尿布应事先准备好（以旧棉布最好，要柔软、干净），取两块尿布分别叠成长方形和三角形，将长方形尿布放在三角形尿布上，使之呈"T"字形，叠好后放在床边备用。若宝宝有哭闹或估计宝宝已经有大小便时，母亲应先洗手，然后取两块叠好的尿布一齐塞在婴儿臀下，将上面长方形尿布盖住会阴部，再将三角形尿布的三个角在会阴部上方系在一起，再于宝宝臀部的上、下两面各垫1块小棉垫子，既可保证宝宝能自由舒服地伸腿活动，又能避免尿湿被褥。

给宝宝换尿布应注意：一是要勤换，否则大小便长时间刺激会阴部皮肤可引起尿布疹。二是宝宝大便后，换用新尿布前，应用柔软的温湿棉布将会阴部擦洗干净，并保持局部干燥。三是动作要迅速，特别是在冬季，以免宝宝受凉。

# 第二章

# 细心培养，从"新"开始

## "睡"出来的智慧

健康身体需要充足的睡眠。良好的睡眠习惯可以使幼儿身体强壮，长得高。

### 1. 保证充足的睡眠时间

幼儿的睡眠时间要多于成年人，要保证9～10小时的睡眠时间。至于婴儿则需睡得更多。如果幼儿睡眠时间很少，而活动量又大，体能消耗多，这些情况会使机体入不敷出，影响身体发育。

### 2. 睡得好才能长得高

科学家们发现，生长激素出现分泌高峰是在宝宝睡眠时——晚上10点以后，而且持续较长时间。希望宝宝长个子，一定要在晚上10点以前就寝，充足的睡眠是促进宝宝长高的重要途径。

宝宝是个"拼夜三郎"，就是不睡觉。让许多家长伤透了脑筋。小叶家的宝宝就是这样，折腾得一家人不得安宁。为了调整宝宝的作息时间，养成良好的睡眠习惯，小叶与专家做了一次深入的探讨。专家为小叶出了妙招，据专家介绍，想要宝宝睡觉也不难，只要做到这些就可以了：

想要宝宝晚上睡得香，家长们应尽量安排好他们白天的活动，要让宝宝玩得开心，他们玩累了，晚上也就自然而然会睡得香了。此外，中午让宝宝睡一两个小时就足够了，不宜睡太长时间；临睡前不能让宝宝吃得太饱，饭后让他们做一些安静的活动即可。临睡前再给宝宝洗个澡，以便于宝宝能更好地入睡。

要让宝宝养成每天按时睡觉的习惯，不能轻易破坏这个规律；宝宝在睡觉前，不要让他们玩得太过兴奋，以免难以安静下来入睡；不要去限制宝宝睡觉的姿势，床不能够太软，被褥不能太厚，要保持房间里的空气流通。

## 对宝宝爱的抚摸

按摩的益处很多成人都知道，其实按摩对宝宝的好处也很多，不仅有助于增进亲子关系，而且对促进宝宝的触觉发展更有意想不到的好处。

宝宝脑部的发展在胎宝宝期已进展到某个程度，触觉则是最早发展的感官。使用高频的超声波可以看到胎宝宝在孕妇肚中时已会吸吮手指，若孕妇有长期且严重的压力，胎宝宝吸手指的比率会增高，这表示，胎宝宝已会借着吸手指这个动作来减轻自己的压力。

按摩是和宝宝亲近的一种方式，通过按摩，可以给宝宝触觉的刺激；父母通常都忙于事业，不知道要如何与宝宝互动，帮宝宝按摩正是促进亲子关系的良好途径。但婴儿都会有本能的触觉防御性，如面对陌生人会紧张；用毛巾帮宝宝洗脸，宝宝会抗拒；帮宝宝戴帽子，宝宝会将帽子抓下等，这些都是防御性的表现。透过按摩，可以增加宝宝触觉的安全感，日后在帮宝宝洗脸及剪发等接触性动作时，宝宝的接受度会较高；在生活中，摸、碰等接触是时常发生的，若从小帮宝宝按摩，可增加宝宝与外界接触的适应性，对宝宝发展人际关系很有助益。

要知道爸爸妈妈帮宝宝按摩是一种很容易建立的亲子关系；而且给宝宝按摩花的时间不用太多，一天只要抽出20分钟帮宝宝按摩，就可以达到增强亲子互动的目的。

以英国为例，公共卫生护士教给新生儿的父母如何做宝宝按摩，凡是学过并开始实施的父母反映都不错。在给宝宝按摩的过程中，大人也可经过触觉的刺激达到放松心情的效果，而宝宝不但会喜欢按摩，还会进而对父母感到满意；因宝宝对父母感到满意，会让父母尤其是第一次做父母的觉得自己有能力带宝宝，在这种情境之下，父母带起小孩来就不会觉得那么吃力，这样就可形成良性的亲子互动模式，亲子关系可在无形间培养起来。

很多新手爸爸不敢抱刚生下没多久的新生儿，从而影响了亲子间的互动，其实新生儿自医院回家后你就可以开始为他做简单的按摩。比如，宝宝洗完澡后，用大浴巾将宝宝包住擦干时，父母就可隔着浴巾帮宝宝轻轻地按摩，这个动作爸爸妈妈可以轮流做，让宝宝从小就能通过简单的按摩享受父母的爱。

按摩对于宝宝来说无论是在身体或心理方面都有助益，实际上的功效也很多，在按摩不同的部位及按摩的过程中，父母不但可借此机会观察宝宝身体有无异常状况，更可促进宝宝的生长发育。按摩对宝宝的功效主要有下列几项：

①促进肠蠕动：若宝宝有便秘的问题，做腹部按摩可减轻宝宝便秘的不舒服感觉，并可促进宝宝的肠蠕动，减少便秘的发生。

②促进感觉动作的发展：新生儿期宝宝会有反射性的动作，经过几个月后，自主性的动作会逐渐出现。通过按摩宝宝的手脚可促进宝宝动作的发展，使宝宝反射动作早点消失，使自主性的动作逐渐灵活。

③增加皮肤抵抗力：为宝宝按摩可促进血液循环，进而促进皮肤的健康。

④增加宝宝的听觉、知觉：帮宝宝按摩时，大人可以和宝宝说说话，或是唱歌给宝宝听，这对宝宝的语言发展很有助益，且这些听觉与触觉的刺激可增进亲子间的感情。

⑤及早发现宝宝的异常现象：帮宝宝按摩时可仔细观察宝宝，跟他说话，观察他的反应。若宝宝不看大人，可能是自闭症的征兆；若宝宝对大人说话、唱歌的声音没反应，宝宝可能有听觉方面的障碍；若宝宝看大人的眼神怪怪的，则有可能是斜视，斜视若不及早矫正，可能会演变成弱视。为宝宝按摩是观察宝宝的最佳时机，可及早发现宝宝的异常现象，并早做治疗。

⑥有助于情绪稳定：对于爱哭闹、日夜颠倒的宝宝而言，按摩可以安抚宝宝的情绪，让宝宝的情绪比较稳定。日夜颠倒的宝宝最令父母头疼，父母可利用白天宝宝清醒时帮他按摩，这样宝宝晚上会比较好睡。

**小贴士** ▶▶▶

在宝宝睡醒时，要经常用手轻轻抚摸宝宝的脸、双手及全身皮肤，或用宝宝的手摸一摸面前的物体，并引起本能的抓握反应。

## 洗洗更健康

为了保护新生儿的皮肤，防止细菌感染，从新生儿出生后第1天起就应开始洗澡。一般每天洗1次，夏季天气炎热时，最好每天洗2次。洗澡前需先做好准备工作，室温保持在23～26℃，水温保持在37～38℃，将准备换用的干净内衣、棉衣及包裹用的大毛巾、绒毯、尿布等摆好，即可脱衣洗澡。

如果宝宝是在医院里出生，则第1次洗澡是由助产人员完成的：即包扎好脐带，用一些涂过植物油并消毒的纱布将新生儿身上的血迹、胎脂揩去，以防止胎脂在皮肤上存留过久，分解为脂肪酸刺激皮肤。此后在住院期间，每天用温水洗1次澡。

在新生儿脐带未脱落之前，不要把宝宝放在澡盆里，以免弄湿脐部。洗澡的顺序是先洗脸、头，然后再洗躯干和四肢，最后洗臀部。要使用油性偏大、碱性偏轻的婴儿肥皂，将肥皂抹在洗澡用的毛巾上，再擦抹在宝宝身上，不要直接用肥皂在宝宝身上擦抹。一般洗脸不用肥皂。洗头和脸时可用左手托住婴儿的头，同时拇指和中指从身后向前将其耳朵堵住，以防进水。用前臂支持住宝宝的肩背，左侧腋窝夹住宝宝的臀部，头向前，用右手先给宝宝洗脸，然后用肥皂洗头，将肥皂洗净后，先把头擦干。让宝宝半坐在澡盆里，开始洗躯干、四肢及臀部。应特别洗净肘窝、腋窝、颈部、大腿根部。洗完澡后把婴儿抱出来，放在大毛巾上，从头到脚轻轻迅速拭干水分，再在腋窝、颈部涂少许爽身粉，穿好衣服，在包好之前需检查和消毒脐部。洗完澡后给宝宝喂1次奶，然后宝宝会舒舒服服地睡一觉。整个洗澡过程动作应迅速轻柔而不忙乱。

第三篇

# 0～1岁宝宝的抚育：
# 智力成长的重要阶段

# 第一章

# 迷迷糊糊的宝宝（1～3个月）

## 怎样判断宝宝哭声的含义

宝宝落地来到这个世界后第一个反应就是啼哭。对于小儿哭声所表达的意思，国内外学者做过大量的科学研究和分析，如新生儿哭声等已经破译了部分内容。

### 1. 富有节律，并转动头部和张开小嘴左右寻觅

这表明他饿了，可让宝宝吸奶，这时他会立即停止啼哭，吃饱后会安静入睡。

### 2. "我的尿布湿了!"

宝宝常在吃完奶或睡醒后，哭声长短不一，高低不均，不甚规则，常常边哭边活动臀部。这表明他尿了，换上干净的尿布后，即停止哭闹，或玩耍或入睡。

### 3. "抱抱我!"

宝宝常在吃后、入睡前或玩耍时哭声长短不一，高低不均，无节奏感，常哭哭停停，睁着眼睛左顾右盼。这表明他需要与父母情感交流，往往抱起后即止哭，放下后又开始哭。

### 4. "我热了!"

宝宝常在室温较高或衣服、被子太厚时啼哭，哭声较高，并且四肢乱蹬乱

伸，伴有面部及全身出汗，这表明他嫌热了，如果自己蹬开被子后，哭闹即停止。

### 5. "我感到疼痛!"

宝宝哭声无规律性，较高且长而有力，多为阵发性，身体活动无特异性。这时喂奶不会让宝宝安静，宝宝会吐出奶头继续哭闹。这表明他感到疼痛。

### 6. 病情严重

宝宝啼哭无规律性，哭声低沉，短而无力，甚至呈呻吟状，同时全身反应淡漠，不吃奶，发热。这是宝宝得病的征兆。发现上述情况应及时到医院检查。

# 宝宝不哭也不闹，是不是很乖

小玲很庆幸，自己的宝宝不像别家的"闹脾气大王"一样哭闹不停，反而总是很乖地躺在自己的摇篮车里。

但这两天，宝宝的过分安静也让她觉得不自在起来。宝宝是不是得了什么病呢？于是她和丈夫急急忙忙带着宝宝上了医院。医生检查后，竟然说宝宝患有先天性心脏病。原来，在多数情况下哭闹是宝宝的一种正常现象，也是表达各种要求和情感宣泄的一种方式。不哭不闹，有时反而是不正常的表现。

新生儿哭声强弱和伸胳膊蹬腿的能力是判断其发育状况的指标之一。但有的宝宝不哭不闹，即使偶尔啼哭，其哭声也低弱，持续时间短，很少蹬被子，有什么要求也不主动地"表示"，似乎很"乖"。这种"乖"宝宝很可能患有一种先天性疾病，如呆小病或脑发育不全，其特点是患儿出生后吸吮力很差，平时很少啼哭，即使在饥饿时也不哭闹，常同时有腹胀、便秘、发育缓慢、表情呆板等；或患有严重的全身性疾病，如败血症，患儿可表现为吃奶少或拒奶，不哭不闹，反应淡漠。所以宝宝不哭不闹并不一定是好事，应仔细观察宝宝吃奶的情况、大小便是否正常、发育是否比同龄儿落后等，必要时到医院请医生检查，早诊断早治疗。

## 宝宝一哭就抱好不好

宝宝出生后成了一家人的宝贝，爷爷、奶奶、外公、外婆、爸爸、妈妈等围在宝宝的身边，怕热着、怕饿着、怕撑着，生怕宝宝受到一点点委屈，只要宝宝一哭就赶紧抱起来。时间长了，宝宝根本就不能在床上躺，甚至睡觉也要抱着睡，使大人宝宝都休息不好，其实这对宝宝的身心发育都是不利的。

虽然宝宝需要多关心和照顾，但不是说不让宝宝哭，因为适当的哭闹可以锻炼宝宝的心肺功能，促进胸廓、心肺的发育。俗话说："哭哭长力气（量）。"因此，不要一哭就抱。

如果宝宝哭闹，给喂奶或换尿布后，仍不停地哭闹，并且哭声与以往不太一样，就应该给宝宝脱下衣服，从头到脚仔细检查，究竟有没有发热、身上有没有皮疹、有没有虫咬、有没有外伤、耳朵有没有流水或流脓、口腔有没有溃疡、四肢活动怎样、是否有腹胀。如果发现异常，或遇到宝宝一阵阵剧烈哭闹，大便带血时，应立刻送往医院请医生诊治。如果仔细检查后没发现什么异常，可在家里观察一会儿，给宝宝换一换房间，抱起来走一走等，大部分宝宝可逐渐停止哭闹。

## 带宝宝进行空气浴

新生儿满月之后，就应该让宝宝适时呼吸新鲜空气。在一个晴朗的午后，带宝宝接受空气浴，接受阳光的照拂，不仅使宝宝的皮肤得到锻炼，更加细滑，而且对增强宝宝体质，增加抵抗力，防止呼吸系统疾病发生，有一定作用。

宝宝出生后3周，就要逐渐与外界空气接触。在夏天要尽量把窗户和门打开，让外面的新鲜空气自由流通。在春、秋季节，只要外面气温在18℃以上，风又不太大时，就可以打开门窗。就是在冬天，在阳光明媚的温暖时刻，也可以每隔一个小时开一次窗户，以交换空气，让宝宝吸收新鲜空气，以利于成长发育。

2个月的婴儿，除了寒冷的天气外，只要没有风雨，就可以抱到院子里、户外去，让外面的新鲜空气接触宝宝的小手、小脚、小脸的皮肤，使之受到锻炼；让宝宝呼吸比房间里温度要低的室外空气，以锻炼气管黏膜，对防止日后易发生的呼吸系统疾病大有好处。

每天抱宝宝出去沐浴两次，每次5～10分钟。有一点要记住，当室外温度在10℃以下时，就不要抱宝宝到外面去了。

另外，就是要避免强烈日光的直接照射，早上9～10点和下午4点左右到室外是最好的时间段。


## 让宝宝抬头挺胸的妙招

在新生儿出生一段时间之后，就要适当地锻炼宝宝抬头，增强宝宝的骨质。实验证明，竖抱的方法，对于两个月左右的宝宝练习抬头很有效。

用两只手分别托住宝宝的背部和臀部，把宝宝竖抱起来，带到室内或室外看看周围环境，还可以用手指指点点引起宝宝对各种事物的关注和兴趣。主要帮助婴儿练习抬头的动作，锻炼宝宝颈部的支撑力，也可以帮助宝宝认识周围的环境，培养其视觉的能力和观察事物的能力。

由于此时婴儿的骨骼发育还比较差，不可能长时间地竖抱，因此持续时间不宜过长，练习时间最好每次1～2分钟。每次锻炼后，要用手轻轻抚摸宝宝背部，放松背部肌肉，让宝宝感到舒适和家长的爱抚。

锻炼完后，还可以让宝宝仰卧在床上休息片刻。

## 爱抚让宝宝拥有好心情

母亲的爱抚可以使婴儿感觉身心舒畅，抚摸是宝宝与母亲的亲密接触，使宝宝深切体味到来自母亲的爱意，加强了母子之间的交流，增进了母子之间的感情。妈妈的抚摸同样可以让宝宝更有安全感。在宝宝情绪不佳时，妈妈的温柔抚摸可以让宝宝安静。抚摸能解决宝宝的皮肤饥饿问题，能使宝宝运动肢体，促进血液循环。

张女士的宝宝出生不到2个月，小家伙总是比别人家的宝宝机灵活泼，而且全身胖乎乎的，欢实极了。邻居们都很羡慕。宝宝之所以会这么健康，和张女士平时的细心照顾是分不开的。小张介绍，每天她都会在宝宝吃饱或睡醒以后，坐在婴儿床边，用自己的手轻轻抚摸宝宝的胸、背、四肢，同时与宝宝说笑。在宝宝哭闹的时候就抱起来，把他的头贴在自己的左胸前，一边让宝宝听到自己的心跳，一边用手抚摸，按顺序抚摸头部、小手和小脚。在每次抚摸之前，自己一定会先把手洗干净，更不会从外边回来之后立刻就去抚摸宝宝。这样就少了细菌与宝宝的接触，有利于宝宝的健康。

**给宝宝做按摩时要注意：**

室内要温暖，不要在有电话的房间做，以免突然响起的电话铃声吓到宝宝。室内可以放一点轻松徐缓的音乐。

把宝宝放在毛巾上，妈妈先按摩宝宝的头顶，然后是脸颊、额头，再按摩眼部、耳侧。顺着胸部到肋部，再到脐周做环形按摩，先由左向右，再由右向左。

用手指轻轻揉搓宝宝的脊柱两侧，由颈部一直到尾椎。然后向下按摩腿部，从大腿到膝部，从小腿到脚踝，轻轻拿捏。然后再按摩胳膊，手法如腿部。

按摩力度的大小，要看宝宝的感觉程度如何，以宝宝感觉舒服为佳。

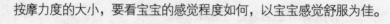

## 和宝宝心与心的交流

在宝宝满月之后，婴儿的视觉能力和听觉能力都会有一个质的飞跃。为了调动婴儿的情绪，可以在小床上方挂一些五颜六色的彩条、彩球等小玩意儿，还可以挂一些带响声的玩具来刺激婴儿的神经，吸引婴儿的注意力。婴儿能长时间地注视这些东西，两只小手会不停地挥动，好像是要抓，或者是跟着挥舞。还会皱着眉头、没有笑意、双眼紧紧地盯着这些玩具，好像在认识和思索一个新鲜事物。

满月的婴儿不会说话，父母亲却能从视觉、听觉、动作几个方面着手，与婴儿交流和培养感情，用彩色玩具训练宝宝两眼协调及目光的集中的能力和追视能力。妈妈是宝宝的第一个老师，这由妈妈得天独厚的条件决定，宝宝睡觉的时候，总是喜欢向着妈妈的方向，喜欢看妈妈慈爱的目光和亲切的面容，喜欢听妈妈柔和的语音，宝宝最愉快的时候是在妈妈的怀抱之中。这来自一个月喂养中感情的交流，从起初的条件反射，成长为完全信任。此后，妈妈的一举一动都会影响宝宝。

在小床上方悬挂一些五颜六色的玩具，比如气球、小动物、彩带等，与宝宝眼睛的距离在20厘米左右为最佳。在宝宝每天睡醒之后，用这些小玩意儿逗宝宝，每天2～3次，每次3～8分钟。

### 小贴士

真正的智力开发，就是要针对孩子的年龄特点，按照规律，通过环境和教育的作用，使孩子圆满地完成每一个年龄阶段的发展任务，在智能、性格等诸多方面协调发展。

## 宝宝吐奶怎么办

在婴儿期，宝宝可能会存在吐奶的现象，开始宝宝可能仅是从嘴角流出一点儿奶液，但是后来就可能会出现大口吐奶。女婴相对于男婴吐奶的现象会少一些，程度也较轻。

如果宝宝吐奶比较严重，可以采取减少乳量的方法缓解，但前提是不影响宝宝体重的增长，否则就要把乳量加上去。特别严重的吐奶，可以请医生开一些刺激肠胃蠕动的药物来改善。不过，药物治疗是放在最后考虑的，能不用就不用，毕竟生理性吐奶是正常现象，只要宝宝能健康成长，就不要在意。但有一点需要注意，就是躺着的宝宝在发生吐奶现象之后，务必要及时进行处理，以免奶水流到耳朵里引起外耳炎。

## 宝宝的头皮有奶痂

宝宝头皮上的奶痂通常在脑门周围较多。宝宝头皮上的奶痂之所以形成，是因为爸爸妈妈在整个月子里没有给宝宝洗头，或洗头时没有使用婴儿洗发水，或仅仅用清水冲一下，或只是用湿毛巾轻轻蘸几下。这样过不了几天，宝宝的头部甚至眉间，就会慢慢地积起奶痂，颜色发黄，越积越厚，甚至还有龟裂现象发生。

虽然头皮上的奶痂会随着年龄的增长而自愈，但这期间宝宝会因痒、痛而烦躁，从而影响消化、吸收和睡眠。另外，可能有的妈妈不知道，严重的头皮奶痂期间，是不能进行疫苗接种的。因此，积极清理奶痂十分重要。

最简便的方法就是用植物油清洗。为保证清洁，要先将植物油如橄榄油、香油等加热消毒，放凉以备使用。清洗时，先将冷却的清洁植物油涂在头皮上奶痂的表面，等一两个小时后，奶痂就会松软，然后再用温水轻轻洗净。每日清洗，3～5天即可消失。

　　但爸爸妈妈要注意，今后给宝宝洗头和脸时，一定要耐心细致地洗干净，不要让宝宝再结奶痂了。另外，还要注意的是，有些宝宝奶痂去除后，会产生很多白色的斑点，如长时间不退，最好带宝宝去医院咨询医生。

## 吃奶时间缩短了

　　很多妈妈会留意宝宝吃奶的时间，细心的妈妈会发现，在宝宝第2个月时，吃奶的时间明显会比新生儿要短，这让妈妈不能理解，为什么宝宝越来越大，胃容量也增大，吃奶的时间反而会缩短呢？是不是宝宝生病了？可以明确地说，只要宝宝没有不正常的表现，妈妈奶水充足，这种现象就是正常的。因为第2个月的宝宝吮吸速度明显增快，再加上经过一个月的训练，妈妈喂奶时的动作已熟练，奶水也比第1个月充足了，所以，宝宝会很快吃饱，吃奶时间自然会缩短。这是好现象。

## 小便次数减少了

　　宝宝在新生儿期，小便次数真是多，几乎十几分钟就尿一次，爸爸妈妈一天要更换几十块尿布，每次打开都是湿的。但随着宝宝月龄的增加，进入第2个月的宝宝与新生儿期的宝宝相比，排尿次数逐渐减少了。于是爸爸妈妈很担心，宝宝是不是缺水了？

　　可能是，也可能不是。进入第2个月的宝宝，膀胱比原来大，储存的尿液更多，原来垫两层尿布就可以，现在垫三层也会湿透，甚至能把褥子尿湿。因此，宝宝小便次数少时，只要不伴有每次尿量少、嘴唇发干，就不是缺水，而是宝宝长大了，爸爸妈妈应该高兴才是。

## 宝宝的臀红增加了

第2个月的宝宝比新生儿更容易出现臀红。这是因为随着月龄的增加，宝宝吃奶间隔时间拉长，有的宝宝后半夜可能会睡上五六个小时不吃奶，然而宝宝还小，不能自己控制大小便，这样就会使潮湿的尿布长时间浸着宝宝，自然很容易出现臀红。所以，宝宝进入第2个月后，晚上妈妈要及时检查宝宝是否尿了、拉了。如果由于妈妈的熟睡而使宝宝出现臀红，可以在宝宝每次排便之后用清水冲洗臀部，再涂上鞣酸软膏，这是很有效的。

缺钙可能导致宝宝睡觉不踏实，但只要正常生长，宝宝睡觉不踏实就不是缺钙。这是因为随着月龄的增加，宝宝各项感知能力增强，对外界刺激更加敏感，如果周围环境不好，宝宝会睡觉不踏实。也有的宝宝睡觉不踏实是由于做梦引起的。不管怎样，如果宝宝睡觉不踏实，妈妈都可以采用"握住宝宝的小手放到他的腹部，轻轻地摇一摇"的方法解决。

## 大便溏稀、发绿是消化不良吗

小月月已经3个月大了，一直身体健康，但是偶尔大便溏稀、发绿，最近父母带她到医院做了一次检查。虽然医生表示没有大碍，但这到底是怎么一回事呢？

经常有妈妈因为1～2个月的婴儿大便夹杂着奶瓣或发绿、发稀，就带着宝宝上医院询问是否是消化不良。其实，如果是母乳喂养的宝宝，排这种便就不是疾病。大便次数也可能会增加到每日6～7次，也是正常的。这一般多是由于母乳喂养的时候母乳分泌得很旺盛而引起，这一点可以通过婴儿体重的增加情况和前个月比较一下就清楚了。如果上一个月每5天体重增加没有达到150克的婴儿，这个月每5天体重增加到150～200克，就可以肯定是喝母乳的量增加而引起的。

# 小宝宝开始长牙啦（3～6个月）

## 给宝宝一个好身体

### 1. 抬胸、翻身

5个月的宝宝在俯卧时，可以抬头90°，还可用有力的前臂支撑着抬胸。父母可以用玩具吸引宝宝的注意力，促使宝宝向左或向右翻身为侧卧，开始时成人可用手托住宝宝背部或搬动下肢帮助翻身。从侧卧翻成俯卧，从俯卧翻成仰卧，反复几次。一面逗引一面用语言加以鼓励或用手稍加帮助。翻身成功了可用亲吻、拥抱加以鼓励。每次在哺乳前1.5～2小时空腹时进行，可训练10～15分钟，每天2～3次。

### 2. 抓握训练

5～6个月时可训练拇指、食指试捏取较小物件，丢入大纸盒中，或从盆、碗中用手拿出小物件，妈妈可先示范，再让宝宝做，成功了用语言、亲吻等予以鼓励。进一步可与宝宝玩蒙面游戏，先用彩色手帕或布块引起宝宝注意，逗引他用手来抓，然后把布盖在他脸上，婴儿开始会手脚乱动或哭喊，可用语言引导宝宝自己拿去抓掉，多次训练后，宝宝就能学会用手主动抓下蒙在脸上的手帕，成功后要和宝宝一起欢呼高兴。这个游戏可训练用手解决问题的能力，使动作与结果相联系。

### 3. 训练翻身

如果宝宝已经5个月了还不能够自如地翻身，那就应该抓紧时间训练宝宝这项技能了。在床上或者在地上铺好席子，让宝宝躺在上面仰卧，如果可以的话拿一个有趣的新玩具逗引，在宝宝产生"抓"的意识时，把玩具向左侧或右侧移动，这时宝宝的头也会随着转，伸手时上身和上肢也跟着转，最后下身和下肢也转，全身就能翻过来。开始时可以助宝宝一臂之力，但主要还是鼓励宝宝自己翻身。如果翻过来了，就要表扬宝宝，抱一抱或亲一亲，然后把宝宝放回原位，让宝宝重新再翻。当宝宝可以自己自由进行仰卧、俯卧之后，宝宝的视野也将会变得开阔，宝宝认识世界的新阶段开始了。

## 逗宝宝有学问

观察宝宝的情绪，在宝宝心情愉悦的时候，可以运用各种方法引逗宝宝发音，训练"说话"，和宝宝进行"交谈"。

### 1. 说笑逗引

抱起宝宝，与宝宝面对面，用愉快的口吻和表情与宝宝说笑和逗乐，使宝宝发出满意的"呃啊——"声或笑声。

### 2. 玩具逗引

用宝宝喜爱的玩具、图片逗引宝宝发声，一旦逗得高兴了，宝宝兴奋得手舞足蹈时，自然会发出各种不同的声音。

### 3. 户外活动

在户外活动时，遇到让宝宝感兴趣的人或物体时，宝宝也会高兴地咿呀作语。

### 4. 轮流逗引

家庭成员轮流逗乐宝宝，当然宝宝在妈妈的怀里更爱笑，更爱笑出声音来，快乐的亲情逗乐会令宝宝四肢和全身松弛，身心愉快。家庭游戏适宜体现活泼的气氛，但要注意不要对宝宝有任何勉强。如果发现宝宝的情绪起伏很大，要立即停止逗引活动，尤其要注意效果，不要适得其反，过分逗嬉，反会惹宝宝哭闹。

## 亲身体验宝宝的乐趣

5个月的宝宝，不再像之前那样只是一味地睡觉，现在醒着的时间远远超过睡觉的时间。处于清醒状态之下的宝宝，绝不会只是乖乖躺着不动，他会左顾右盼，看着周围环境中感兴趣的物件，或者玩自己的手，或者翻身。由于生理机能和手的活动能力还很差，宝宝独立玩的能力还不强，父母要教宝宝玩，带着宝宝一起玩，从而满足他的正常需求。

可以给宝宝提供适合月龄特点的玩具，哗啷棒、手铃串、一握就响的塑料小动物等都很适宜。先把玩具一个一个地示范给宝宝看，同时用愉快、亲切的口吻给宝宝说玩具的名称，教给宝宝玩，然后鼓励宝宝成功地自己玩耍玩具。

这个时期的婴儿已经具有了模仿能力，这个月龄的宝宝其行为活动大多还是无意识性的，注意力也是无意识性的，且极不稳定。因此，父母就要多和宝宝在一起玩闹，通过看一看、听一听、摸一摸、摇一摇等一系列动作，培养宝宝的视听能力、触觉等感知能力和手的协调动作，让宝宝对身边的事物产生浅表的认知和感觉。

## 吮吸手指，做听话宝宝

宝宝喜欢玩弄自己的小手，尤其是手指，这是人所共知的事实。在新生儿满两个月之后，大多数宝宝都会把手指很自然地放进小嘴里吮吸。以至于有俗话说"小儿的手指有二两蜜"，此话当然没任何道理。然而，可以肯定的是，吮吸手指对婴儿的不安和不快有镇定作用，所以，最常发生吮吸手指的时间是睡眠之前的那一段时间。有统计表明，经常吮吸手指的宝宝较少发生夜哭的情况。

小雨已经4个月了，小家伙机敏可爱，深得家人的喜爱。小雨妈妈对于小宝宝的一切都很满意，只是有一件事情一直让小雨妈妈很着急。大人们总是觉得宝宝吮吸手指是一件不好的事情，因为细菌会通过口腔进入宝宝的体内，影响宝宝的健康。小雨妈妈也不例外，所以常常会抱怨小雨：

"怎么又吃手了，脏死了！"

"什么东西都往嘴里放，真不讲卫生！"

但是，不管小雨妈妈怎么干涉也没起作用，小雨照样会把手指或能抓到的物件塞进嘴里有滋有味地吃，小小的手指也常常在嘴里被吮得皱巴巴的。小雨妈妈很着急。

其实，婴儿喜欢吃手指、咬东西并不代表宝宝一定是想吃东西。吃手指或咬东西，是婴儿想通过自己的能力，了解自己和积极探索外部世界的表现，这种动作的出现，说明婴儿支配自己行动的能力有了很大的提高。

宝宝要用自己的力量，把物体送到嘴里，是很不容易的。就这么一个简单的动作，它标志着宝宝能用手、口动作互相协调的智力发育水平，而且对稳定宝宝自身情绪能起到一定的作用。在宝宝饿了、疲劳了、生气了的时候，吮吸自己的手指，会使情绪稳定下来。因此，要充分认识到宝宝吃手指、咬东西的意义，不要强行制止宝宝的行为，只要宝宝不把手弄破，在不影响安全的情况下，尽管让宝宝去吃，否则，会妨碍宝宝手眼协调能力和抓握能力的发展，打击宝宝特有的自信心。

吃手指和见什么都往嘴里放的行为，在整个婴儿时期是一个过程性的阶段，一般到8~9个月以后，宝宝就不再吃手指或见什么咬什么了，如果宝宝长到这个月龄还爱吃手指，就要注意帮助宝宝纠正。此外，宝宝吃手指或见什么咬什么的时候，要注意卫生，保持宝宝小手的清洁，玩具也要经常清洗和消毒，保持干净，注意过硬的、锐利的东西或小物件，如钮扣、别针、豆粒之类的东西不能让宝宝有机会抓到放进嘴里，防止发生意外。

## "水"宝宝的水嫩皮肤

很多爸爸妈妈担心宝宝会害怕洗澡，其实只要水的温度适当，宝宝就不会感到恐惧。因为宝宝从胎宝宝期开始就泡在子宫的羊水中，从两个结合的生殖细胞，逐渐发育成一个完整的胎宝宝，都是在水中完成的，所以洗澡是宝宝非常容易接受的事情。

由于婴幼儿皮肤柔嫩，而新陈代谢又十分旺盛，汗液及其他排泄物容易蓄积，因此，洗澡是婴幼儿护理的重要内容。妈妈为宝宝洗澡时应注意以下几点。

①夏季需每天洗澡，甚至1天数次；冬季气温低，出汗较少、皮肤不易脏，洗澡时稍不注意容易受凉感冒，故可适当减少洗澡次数，但至少每周1次。

②婴幼儿烦躁不安、食欲减退、啼哭不止，通常是生病的征兆，应暂不给洗澡。这时洗澡会使宝宝疲劳，使病情加重或使体温升高。当婴幼儿发热，频繁呕吐、腹泻、体内水分丢失致使有效循环血量减少时不要给宝宝洗澡，因洗澡时血管扩张，大量血液流向皮肤及皮下组织，容易发生低血压，严重者可发生虚脱。

③婴幼儿喂完奶或吃完饭后，至少要间隔1小时才能洗澡。因为婴幼儿的

胃呈水平位，上口（贲门）括约肌较松，下口（幽门）括约肌较紧，吃饱后马上洗澡，体位变化太大，容易使刚吃进的食物吐出来。

④如遇皮肤烫伤或患脓疱疮等炎症反应，洗澡往往会加重皮肤损伤或诱发感染，加重病情，甚至导致败血症，应暂停洗澡。婴幼儿预防接种后24小时内最好不洗澡，但可以擦身换衣，1周内洗澡应保持注射局部的清洁、干燥，不要沾水。卡介苗接种2～3个月内局部有渗出液并结痂是正常现象，洗澡时应注意不要碰破。

总之，为宝宝洗澡时，不仅要注意季节、气候、室温，还要了解宝宝的健康状况和生理特点。婴幼儿皮肤角质层软而薄，血管丰富且敏感，洗澡时水温在30～35℃为宜，成人以肘部伸入水中试一试，不冷不烫为宜。洗澡时应使用婴幼儿专用肥皂，不宜用药皂及碱性肥皂，以免皮肤表面油脂完全去除，降低防御能力。

## 精心选择宝宝的"玩伴"

婴儿时期的玩具应是下列因素的组合：

①鲜艳的三原色；

②设计清晰、简单；

③形状、颜色、大小对比强烈；

④式样引人注目，能悬挂；

⑤移动和摇动时能发出悦耳的声音，容易引起宝宝的反应；

⑥能鼓励宝宝看、听、吸吮、抓握、抚弄，并能引起持续的兴趣；

⑦安全，不易对婴儿的健康造成损害；

⑧有较强的抗摔打性，不易损坏；

⑨多功能、多变化，能够满足小儿的好奇心理；

⑩能提供给宝宝较大的想象空间，富有挑战性。

当宝宝吃过奶，换过尿布，很活跃也很开心的时候，是玩游戏的最佳时间。做游戏的时候不要有电视等来分散宝宝的注意力，也不要太迅速地从一项活动转移到另一项活动。一次游戏的时间要尽量地少，2～3分钟就足够了。如果宝宝玩得很开心，你也可以在1天的另外时间重复这项游戏。

4个月的宝宝还不能自己坐起来，可他已不安分守己，你可以拉住宝宝的手让他尽力把自己撑起来，或让他躺一会儿，坐一会儿，宝宝会很喜欢让自己的姿势变来变去。

宝宝越长大就越对周围的环境感到好奇。妈妈可以抱着宝宝去各个房间逛逛，或是去公园，去郊外，让他感觉到阳光和微风，给他各种各样的玩具，也可以给他读有各种插图的小人书。

## 宝宝为什么吐奶、流口水

以前就存在吐奶现象的宝宝，到了这个阶段可能已经不再吐奶，但也有可能会继续吐奶，只是次数会明显减少。只要吐奶没有影响到宝宝的生长发育，身体健康，就不要紧，一段时间之后就会好的。

在这个阶段，有的宝宝开始流口水，这是由于唾液分泌开始旺盛，且口腔较浅，加之闭唇和吞咽动作还不协调，宝宝还不能把分泌的唾液及时咽下，也有的是因为宝宝要出牙了。大多数宝宝满1岁以后就会停止流口水，不管怎样，早晚会没事，所以不必担心。但为了保护宝宝的颈部和胸部不被唾液弄湿，可以给宝宝戴个围嘴，这样不仅可以让宝宝感觉舒适，而且还可以减少换衣服的次数。宝宝的围嘴要勤换洗，换下的围嘴每次清洗后都要用开水烫一下，在太阳下晒干备用。

## 宝宝总是咬乳头

有的宝宝3～4个月就开始有牙齿萌出了。这不仅会导致宝宝流口水，还

会咬妈妈的乳头。

如何避免这种情况发生呢？方法很简单，当宝宝咬乳头时，妈妈马上用手按住宝宝的下巴颏，宝宝就会松开乳头的。也可以在喂奶前让宝宝咬乳胶或硅胶的奶嘴来磨牙床，过十来分钟后再喂奶，宝宝就会减少咬妈妈乳头了。

## 宝宝成了"夜猫子"

一般的夜啼都是习惯性的。在这个阶段时可能突然晚上开始哭个不停，哭时面部涨红，非常用力，给人感觉好像什么地方特别痛。妈妈可能会很着急，会急着到医院就诊。其实，这是宝宝在夜啼。

大多数婴儿只要抱起来，把他的头放在妈妈的肩上，使其身体俯在妈妈的胸前，轻轻拍着或抚摸着宝宝的背部，轻轻哼着小曲，打开地灯或带罩的壁灯，宝宝就会停止啼哭。这种方法是最奏效的。可有的婴儿即使抱起来也还是哭个不停，此时爸爸妈妈要有耐心和信心，一次不行，两次，两次不行，三次，宝宝就不会哭了。

解决夜啼的办法还有很多，比如白天散步、喝奶时不要吸进气，冬天避免过热，母乳喂养时妈妈停止喝牛奶等，都可以改变夜啼。

夜啼是从古至今就一直存在的现象，如果不了解这点，父母肯定会担心婴儿是不是得了什么疾病。如何区分夜啼和疾病性哭闹呢？首先，只要不发烧，就可以推断不是中耳炎或淋巴结炎之类的炎症性疾病。其次，婴儿出现肠套叠时也会哭闹得厉害，但与一般的夜啼方式有所不同。夜啼时婴儿哭闹是持续性的，而肠套叠是反复性的，每隔几分钟哭一阵儿，而且吐奶。总之，如果宝宝只是哭闹，而没有其他方面的异常，很可能就是夜啼。

但毕竟父母不是医生，对各种疾病的症状是无法把握得非常准的，所以，如果宝宝出现突然哭闹，最好还是带宝宝去看医生，以确定宝宝是否患有疾病。

## 远离缺铁性贫血

胎宝宝时期，母体为胎宝宝提供了铁质，并在胎宝宝体内储存，以供出生后生长发育的需要。婴儿出生后2～3个月时，体内的铁被消耗，血红蛋白降至110克／升，出现轻度贫血，称为生理性贫血。生理性贫血是一个自限的过程，以后血红蛋白会逐渐上升。但是，如果3～4个月后未及时补充铁剂则会出现缺铁性贫血。

宝宝发生缺铁性贫血时，最初表现为烦躁不安、情绪不稳定、记忆力低下、多动，以后才出现皮肤、黏膜苍白，并有食欲减退、不活泼、抵抗力差、容易感冒等表现。严重的缺铁性贫血患儿会出现气急、心率加快、肝和脾肿大等症状和体征。化验检查会发现，宝宝的血红蛋白在110克／升以下。

轻度的贫血（血红蛋白为100～110克／升）可以通过添加含铁丰富的食物来纠正。动物肝脏、红色畜肉、蛋黄等都含丰富的铁，是补铁食物。中、重度的贫血（血红蛋白在100克／升以下）需要去医院治疗。

## 倒睫与出眼屎

宝宝已经出生三、四个月了，一切安好，只是最近一段时间不知是怎么了，早晨起床时眼角会出现眼屎，有时候眼泪汪汪的。于是爸爸妈妈带着宝宝做了一次检查。

这种现象可能是倒睫引起的。当睫毛倒向眼内刺激角膜以后，眼睛就会流眼泪或出眼屎。造成宝宝倒睫的原因，主要是由于婴儿的脸部脂肪丰满而鼓起，使下眼睑向眼内侧倾斜。一般情况下，倒睫会自然痊愈。

出现这种情况时，只要把倒向眼睛的刺激角膜的睫毛拔掉即可。当然，出眼屎并不都是由倒睫引起的，也有因急性结膜炎引起的。这可以从急性期宝宝的白眼球是否充血作出初步判断。严重时，宝宝早上起来因上下眼睑粘到一起而睁不开眼睛，爸爸妈妈必须小心翼翼地用干净的湿棉布擦洗后才能睁开。婴儿的"急性结膜炎"一般是由细菌引起的，点上含有抗生素的眼药两三次就会痊愈。

## 宝宝突然阵发性哭闹

至今为止一直很健康的婴儿突然大声哭叫起来，多半是因为腹痛。引起腹痛的原因除了肠痉挛外，千万不要忘记肠套叠，即肠管堵塞。从4个月开始，婴儿就有患这种病的危险。如不及时进行治疗，严重者会导致死亡。但只要能早期发现，非手术方法就可治疗。

如何判断宝宝患有肠套叠呢？

肠套叠的一个典型症状就是宝宝出现阵发性哭闹。通常是这样的：宝宝突然哭闹不安，两腿蜷缩到肚子上，不肯吃奶，哄也哄不好，3~4分钟后，婴儿又突然平静下来，开始玩玩具，或喝起奶来。但刚过4~5分钟，又突然哭闹起来，如此不断反复。疼痛反复两三次后，婴儿就把刚吃进的奶又吐了出来，这是因为食物流动中断，使吃进去的奶又返上来了。有的婴儿则是开始时就一下子把奶全部吐出，然后因疼痛大声哭闹，这种情况也同样是间歇性的腹痛。剧烈的疼痛使婴儿面如土色，但并非所有的婴儿脸色都出现变化。

肠套叠的另一个特征是，开始宝宝不发热，但随着时间的推移，引起腹膜炎后就会发热。肠套叠很容易被误判，关键是要想到这么大的婴儿可能会患这种病，这就会大大减少误诊的可能。如果父母没有想到这种可能，就可能不会半夜带宝宝去看医生，可能会认为宝宝在耍脾气。尤其是平时爱哭闹的宝宝，爸爸妈妈更容易这么想当然。所以，不管怎样，为了宝宝的安全，只要宝宝出现这种阵发性的哭闹和呕吐，爸爸妈妈都要想到肠套叠这种病，要马上带宝宝到医院诊治，并且要提醒医生宝宝好像是得了肠套叠，这会让医生提高警惕。

婴儿患嵌顿性腹股沟疝时也会像肠套叠一样出现突然的哭叫。但嵌顿性腹股沟疝时的哭闹是持续性的，而且腹股沟处可以看到肿物，从这一点可以对嵌顿性腹股沟疝和肠套叠进行区分。

### 小贴士

5～6个月的婴儿，铁储量不足，已经不能从母乳和牛奶中摄入足量的铁剂了。因此，从这个阶段开始，应该给宝宝逐渐增加一些母乳以外的辅食。否则，6个月龄后的宝宝可能会出现贫血。

## 宝宝长牙了

在这个阶段，宝宝在吃奶的时候，有时表现得很古怪。先是起劲地吃几分钟，接着就猛地松开乳头大哭起来，好像是什么地方很疼痛似的。虽然他看上去仍然很饿，可是当他再接着吃奶的时候，就会在更短的时间内感到不舒服。

不过，他吃辅食时倒很起劲。

宝宝的这种痛苦现象是由于出牙引起的。婴儿出牙时牙床本来就疼痛，而吃奶的吮吸动作又使牙床充血，所以加剧了疼痛。既然只有在宝宝吮吸了几分钟以后才感到疼痛，妈妈可以将一次喂奶的时间分成好几段，并且在间隔中给他喂辅食。如果宝宝用奶瓶吃奶，妈妈可以把奶嘴的孔眼扎得大一些，以便他

能在较短的时间内，不用很费力气地吮吸就能把奶吃完。如果宝宝的疼痛来得迅速，而且极其难忍，妈妈不妨在几天之内不用奶瓶喂他。比如，如果宝宝能比较熟练地使用杯子，妈妈就可以改用杯子喂他奶；也可以使用羹匙，或者把大量的奶掺到谷类食品或者其他食物里给他吃。即使他吃不到原来那么多，也不必着急。

## 宝宝的耳垢有湿软的现象

在5个月之前仔细察看婴儿耳朵的妈妈很少。到了5个月以后，婴儿的耳朵里面比较容易看清了。如果发现宝宝的耳垢不是很干爽，而是呈米黄色并粘在耳朵上，妈妈就会担心宝宝是否患了中耳炎。

患中耳炎时，宝宝的耳口处会因流出的分泌物而湿润，但两侧耳朵同时流出分泌物的情况却很少见。并且，流出分泌物之前婴儿多少会有一点儿发热，出现夜里痛得不能入睡等现象。

而天生的耳垢湿软一般不会是一侧的。耳垢湿软大概是因为耳孔内的脂肪腺分泌异常，不是病，一般来说，肌肤白嫩的宝宝比较多见。宝宝的耳垢特别软时，有时会自己流出来，妈妈可用脱脂棉小心地擦干耳道口处。但千万不可用带尖的东西去挖宝宝的耳朵，以免碰伤宝宝耳朵引起外耳炎。一般耳垢湿软

的婴儿长大以后也仍如此，只是分泌的量会有所减少而已。

## 宝宝有头疮

乐女士的宝宝出生已经6个月了，小宝宝的到来给全家人带来了许多的欢乐。乐女士最大的心愿就是宝宝可以健康成长，但是最近一段时间，乐女士无意中发现，小宝宝的头上长了一小片头疮，焦急万分的乐女士带着宝宝去医院做了一次全面的检查。医生告诉乐女士，幸亏发现的及时，没有什么大碍，只要平时注意一下日常护理，就会慢慢好起来的。

每年夏季即将结束的时候，很多宝宝的头上会长起脓疮。长脓疮的原因有两种：一种是其他宝宝传染的；另一种是由于挠破了痱子后引起化脓而感染造成的。形成的脓疮多少差别很大，有的宝宝只长出三四个，而患头疮严重的宝宝则满头都是，密密麻麻的。到了这种程度，宝宝可能就会出现38℃左右的发热症状。而且化脓的脓疮，稍微碰一下就很痛。宝宝时常因此而痛醒，并大哭不止。

为避免这种现象的发生，在宝宝开始起痱子时，要经常给宝宝剪指甲、换枕巾以保持清洁。另外，如发现有脓疮生成，哪怕只有1个，也要尽早进行治疗。早期治疗时，青霉素是非常有效的。

一般在就诊时，要具体看脓疮的状况而选择去外科还是去儿科就诊。

如果脓疮有一部分已经化脓，且已变软，就必须去外科将其切开。脓疮痊愈以后，在耳后、脑后仍然会留有两三个淋巴结肿块，这些肿块极少会化脓。如果摸着宝宝不痛，就不要去管它，自己会慢慢变小的。

## 为什么他会排斥杯子

一直以来都是用奶瓶喝奶的宝宝，到这个阶段可能会出现排斥杯子的现象。妈妈或爸爸一拿杯子喂，宝宝就摇头不愿意，甚至用小手推拒。遇到这种情况，爸爸妈妈可以试试以下方法。

选择一个宝宝喜欢的杯子：喜欢才有可能接受，所以，要根据宝宝平时喜欢的颜色、形状选择杯子。先让宝宝把玩一会儿，等宝宝熟悉了手中的杯子后，再用杯子给宝宝喂乳汁或果汁等。

等宝宝真正饿的时候再用杯子喂：宝宝一饿就会饥不择食，更不会关注妈妈是拿什么喂他的。所以，当宝宝真正饿的时候，就不会那么排斥杯子了。时间长了，宝宝也就习惯了。

当宝宝对使用杯子显示出强烈抗拒时，爸爸妈妈要把杯子拿开，改天再试。记得每天试喂一次，持续几天后情况就会好转。爸爸妈妈千万不要操之过急，千万不要硬性给宝宝使用杯子，这容易使宝宝产生逆反心理，对今后再使用杯子造成困难。

## 宝宝还不会翻身

一些宝宝在2~3个月的时候就已经有了翻身的倾向，5~6个月的时候就能够翻身自如了。

如果5~6个月的宝宝仍不会翻身，就很有可能是平时的护理出现了问题。比如，冬季穿得太多，影响了宝宝自由活动；看护人对宝宝训练得不够；新生儿期把宝宝包裹得太严实，限制了宝宝的活动，等等。

训练宝宝翻身的方法很简单。首先就是要穿少点、盖少些，然后协助宝宝翻身。以训练左翻身为例，先把宝宝头偏向左侧，托住宝宝右肩和臀部，使宝宝向左侧卧，然后一手托住宝宝前胸，另一手轻轻推宝宝背部，使其俯卧。经过这样的锻炼，宝宝就学会翻身了。

如果经过长时间的训练之后，宝宝还是不会翻身，就有可能是宝宝的神经中枢有问题，要及早就医，看看宝宝是不是存在运动障碍的问题。

**小贴士**

一般说来，父母可以用手为宝宝做适度的口腔按摩，或者抚摸脸部和手部，做一个全身的肌肉按摩。另外，根据月龄，平时多给宝宝吃一些比较硬的东西，这样既满足了宝宝营养和磨牙需求，也在一定程度上减少了宝宝抠嘴的频率。

## 第三章

# 连滚带爬的淘气包（6～9个月）

## "爬"是宝宝的先天本领

一般而言，宝宝在8个月左右时懂得自然地爬行。在学习爬行的初期，几乎都是以全身贴地的移动方式进行，之后会以手肘往前匍匐前进，而且腹部贴在地面，爬行速度十分缓慢。在9个月大时，身体才能慢慢离开地面，以两手前后交替的方式，开始顺利地往前爬行。

### 1. 所代表的意义

爬行是所有动作发展的基础，让宝宝爬行几个月的时间是有许多好处的。首先幼儿利用四肢爬行时，因为他的颈部需要抬高，并且还需左右转动，这样的举动对颈部的发展有很大的帮助；另外，幼儿爬行时用手腕支撑身体重量，能训练手腕的力气，对宝宝未来拿汤匙吃饭、拿笔涂鸦都有所助益。在宝宝爬行的过程中，更可训练宝宝四肢动作的协调与关节的灵活度。

### 2. 关于骨骼的问题

有些宝宝在爬行时会出现用一条腿爬行来带动另一条腿的方式，如此容易让父母误以为宝宝另一条腿发育不良，骨科医师指出，出现这种情形是因为婴儿在刚开始学习爬行时，两只脚的力量并不平衡，经常一只脚较不灵活，这种情况属于正常现象，父母不需过度担忧，然而如果这种状况维持太久而没有改进，宝宝就有患肌肉神经或脑性麻痹等疾病的可能。爬行最容易发生的意外是头部的外伤，当宝宝头部被撞时，不管当时有无出现不舒服的情形，父母都应仔细观察宝宝，最好在宝宝睡觉时叫醒他2～3次，看看是否有异状，如果宝宝出现严重头痛、呕吐、昏睡、抽搐等症状时就要立即到医院就诊，特别提醒父母在发生头部外伤的3天内，都应细心观察。

## 教宝宝爬行的科学方法

爬行本身是婴儿运动发育的一个过程。在爬的过程中，婴儿的躯干和大腿相继离开地面，最后以脚掌接触地面来支撑全身重量，完成直立姿势。

爬行动作对婴儿身体的全面活动、四肢的协调动作，以及全身各关节的运动都起着重要作用。因此可以说，爬行活动了全身，锻炼了全身的骨骼、关节、肌肉和内脏各器官。

此外，通过爬行，宝宝开阔了视野，能接触到更多的外界环境，有利于他感觉知觉的发育。总之，会爬的宝宝在这个年龄阶段，他的运动协调能力、对外界事物的反应能力和认知水平，都比不会爬的宝宝好得多。

大部分婴幼儿从6个月到1岁之间就可以爬行了，常常是先退着爬。这是他们首次接近独立的行动，对培养他的自尊心非常重要。而有的宝宝就不那么做，他们直接就站起来，摇摇晃晃地走；还有的侧着动或拖着他们的身子蹭着前进。

一旦你的宝宝会爬了，就要关注周围环境是否安全。最好是坐在地板上，看看周围有没有什么危险点。包住或护住在家具上的尖角，除掉那些为攀爬提供落脚点的装置，如抽屉把手等，也要盖住所有的电线和插座。在桌子上别用桌布或其他宝宝可以拽下来的纺织品。

当你的宝宝会爬的时候，他就会充满好奇地探索周围的世界；一旦什么东

西引起了他的兴趣，他会"不远万里"地快速到达那里，所以时刻盯住他非常重要。那么父母应为宝宝爬行做好哪些准备呢？

### 1. 爬行服装

宝宝装很多，但分体衣裤并不适合爬行。教宝宝学爬，最好给宝宝穿连体服，这种衣服的上衣和裤子形成一个整体，爬行时不会暴露宝宝腰部和小肚子，同时衣服合体，没有太多累赘的东西，不会影响宝宝爬行的兴致。注意服装前面不要有大的饰物和扣子，防止宝宝趴下时弄痛身体。

### 2. 爬行装备

几个月大的宝宝体重很轻，爬行时可能还不会磨破皮肤。而大一些的宝宝由于体重增长，用肘和膝爬行，很容易磨破皮肤。因此爬行时最好穿上护肘、护膝，所穿衣服要宽松、舒适、柔软，又不妨碍运动。

### 3. 爬行地点

家中的床及地面是宝宝爬行的最佳地点。在地面爬时，要考虑地面材质，过凉过硬，对宝宝来说都不舒服，有效的补救方法是：在地面上铺一块地毯，也可以用巧拼塑垫铺出一小块天地。光滑的地板革可减少宝宝爬行的阻力。

## 适合宝宝的游戏

### 1. 撕纸

撕纸，这样一件在所有人看来不起眼的事，却成为宝宝最有益的活动。拿给宝宝一些干净的废纸，撕着玩，纸张的要求可以是由薄到厚，由小到大。这样做的目的是为了锻炼宝宝手肌肉的能力。在玩过几次之后，妈妈可以把纸撕成三角形、圆形、方形，摆放在宝宝面前，尽管以宝宝这阶段的智力还不能够完全理解这些形状的意义，但作为视觉经验的贮存，对扩展脑部记忆区来说，这项活动是有益的。

## 2. 取小物品

在桌上放一堆细小物品，妈妈抱宝宝坐好，教宝宝用手去取小物品，如小软糖、小饼干、玉米花等，这样可以训练宝宝的小肌肉运动和手、眼协调动作。手指动作的发展，能较好地促进大脑的活动功能。所谓"心灵手巧"说的就是这个道理。要及时训练宝宝做精细动作的能力。要注意别给宝宝硬的、带尖的和脏污的小物品，以免宝宝吞入口中。

## 3. 叫自己的名字

用相同的语调，叫宝宝的名字和其他人的名字。看看是否叫到宝宝的名字时，宝宝能够转过头来，现出笑容，表示领会。宝宝如果能够准确地听出自己的名字来，要鼓励和夸奖他："你就是××！真聪明！"抱一抱他，亲一亲他。如果宝宝对叫声没有反应，就要反复耐心地告诉他："××，你就是××！"这样做既让宝宝知道自己的名字，又训练了对特定语言的反应。

模仿发叠音：在毫无意识的情况下宝宝发出"啊——妈——"、"啊——爸——"、"唔——嗯——"等声音时，父母要及时地纠正宝宝的语音，让宝宝看清成年人的口形，让宝宝多练习、多模仿，不久之后，宝宝就可以清晰地发出"爸——爸"、"妈——妈"的重叠音。

# 宝宝全身动

体操能促进婴儿基本动作的发展，使他们的动作灵敏协调。2~6个月婴儿的保健操是在成人有节奏的操作下，带动小婴儿运动的一种锻炼形式。柔和的动作配以悦耳动听的音乐，使得婴儿在愉快的情绪之中，活动四肢，伸展全身。这不仅可以促进婴儿血液循环通畅，增强骨骼肌肉的发育，同时也能促进语言和各种认知能力的发展，有利于大脑的发育与成熟。因此，婴儿体操是益智健身的好方法，也是进行早期教育的内容之一。

做操时间的安排有一定的讲究，一般来说，宜在宝宝醒后或哺喂前情绪较好的时候进行。做操要持之以恒，除了身体患病或不适外，最好每天做1~2次，每次3~5分钟。

## 1. 两手胸前交叉

预备姿势：成人两手握住宝宝两手的腕部，让宝宝握住成人大拇指，两臂放于身体两侧。

动作：将两手向外平展与身体成90度，掌心向上；两臂向胸前交叉；重复共两个8拍。

注意：两臂平展时可帮助宝宝稍用力，两臂胸前交叉动作应轻柔些。

## 2. 伸屈肘关节

预备姿势：成人两手握住宝宝的腕部，让宝宝握住成人大拇指，两臂放于身体两侧。

动作：第1拍将左臂肘关节前屈；第2拍将左肘关节伸直还原；第3、4拍换右手肘关节伸屈；重复共两个8拍。

注意：屈肘关节时手应触到宝宝肩部，伸直时不要用力。

### 3. 肩关节活动

预备姿势：成人两手握住宝宝的腕部，让宝宝握住成人大拇指，两臂放于身体两侧。

动作：第1、2、3拍将左臂弯曲贴近身体，以肩关节为中心，由内向外做回环动作，第4拍还原；第5～8拍换右手，动作相同；重复共两个8拍。

注意：动作必须轻柔，切不可用力拉宝宝两臂勉强做动作，以免损伤关节及韧带。

### 4. 伸展上肢运动

预备姿势：成人两手握住宝宝的腕部，让宝宝握住成人大拇指，两臂放于身体两侧。

动作：第1拍两臂向外平展，掌心向上；第2拍两臂向胸前交叉；第3拍两臂上举过头，掌心向上；第4拍动作还原；重复共两个8拍。

注意：两臂上举时两臂与肩同宽，动作轻柔。

### 5. 伸屈踝关节

预备姿势：宝宝仰卧，成人左手托住宝宝的左足踝部，右手握住左足前掌。

动作：第1拍将宝宝左足尖向上，屈曲踝关节；第2拍将左足尖向下伸展踝关节；连续做8拍后换右足，做伸屈右踝关节动作。

注意：伸屈时动作要自然，切勿用力按压。

### 6. 两腿轮流伸屈

预备姿势：成人两手分别握住宝宝两膝关节下部。

动作：第1拍屈宝宝左膝关节，使膝弯曲接近腹部位置；第2拍伸直左腿；第3、4拍屈伸右膝关节；左右轮流，模仿蹬车动作，重复共两个8拍。

### 7. 下肢伸直上举

预备姿势：两下肢伸直平放，成人两掌心向下，握住宝宝两膝关节。

动作：第1、2拍将两下肢伸直上举90度；第3、4拍还原；重复共两个8拍。

注意：两下肢伸直上举时臀部不离开桌或床面，动作轻缓。

### 8. 转体、翻身

预备姿势：宝宝仰卧并腿，两臂屈曲放在胸腹部，成人右手扶胸部，左手垫于宝宝背部。

动作：第1、2拍轻轻将宝宝从仰卧转为右侧卧，第3、4拍还原；第5~8拍成人换手，将宝宝从仰卧转为左侧卧，后还原；重复共两个8拍。注意侧卧时宝宝的两臂自然放在胸前，使头抬高。

注意：仰卧时宝宝的两臂自然地放在胸前，使头抬高。

> **小贴士**
>
> 教新生宝宝踏步，是为了以后走步打基础。通过训练宝宝双腿的活动，锻炼宝宝肢体的灵活性，还能促进宝宝的认知、感知发育以及肌肉协调。

## 要懂得怎样和宝宝玩

宝宝是天真可爱的，逗引宝宝，看到宝宝满脸欢笑，相信是每一个家庭的乐趣。但是逗引宝宝也是有度的，过分逗引宝宝则是有害无益的，轻者会影响宝宝的饮食、睡眠，重者很有可能会给宝宝身体造成伤害。因此，家庭中的成员在逗引宝宝时一定要注意：

进食的时候不宜逗乐，婴儿咀嚼与吞咽功能发育还不完善，如果在宝宝进食的时候逗乐，不仅会妨碍宝宝良好饮食习惯的形成，还可能造成食物误入气管，引起窒息或发生意外。婴儿在吃奶时把奶水呛入气管，有可能发生吸入性肺炎。

临睡前不要逗乐，睡眠是大脑皮层抑制的过程，宝宝的神经系统尚未发育完全，兴奋后不容易抑制。睡觉前过于兴奋，往往会迟迟不肯睡觉，即使睡了也睡不安宁，甚至出现夜惊现象。

张先生家加入了一个新成员，这可把一家人乐坏了。每一次，张先生回家之后，都要先逗一逗宝宝，而宝宝也喜欢张先生，总是哈哈大笑，开心得不得了。有时候，张先生为了让宝宝开心就将宝宝抛向半空，这也是宝宝的最爱了。看到宝宝玩得如此开心，张先生的心里也很高兴。

对于家长的这种行为，专家作出了解释：不要用手掌托举宝宝站立，婴儿会扶站以后，有些父母喜欢用一只手托住宝宝双脚，让宝宝站在自己的手掌上。这种做法极不安全，虽说另一只手可以做保护，但一瞬间宝宝突然失去平衡，往往就会措手不及，后果非常严重。

有时，家长喜欢把宝宝逗得笑声不绝，前仰后合，家长以此为乐，殊不知这样做很有可能会造成宝宝在瞬间窒息或者缺氧，血液供给不足，引起暂时性脑贫血，时间久了，还会造成宝宝口吃或痴笑，容易发生下颌关节脱臼，久而久之会形成习惯性脱臼。因此，警告各位家长，不要过分逗笑宝宝，更不要逗得宝宝笑得上气不接下气。

## 玩出来的聪明宝宝

人的脑部分为左脑和右脑。右脑主管人的想象、颜色、音乐、节奏等。因此，开发宝宝的右脑，可以让宝宝更具创造能力。通过对宝宝手指精细动作的

训练、语言训练、借助音乐及运动的锻炼，都能够达到开发右脑的神奇效果。

### 1. 刺激指尖

人体每一块肌肉在大脑皮层中都有相应的神经关联，其中手指运动中枢在大脑皮层中所占区域最广。所以手的动作，特别是手指的动作，越复杂、越精巧、越娴熟，就越能在大脑皮层建立更多的神经联系，使大脑变得更聪明。因此，训练宝宝手的技能，对于开发智力十分重要，"心灵手巧"是前人的经验之谈。玩沙子、玩石子、玩豆子等，可以锻炼宝宝手的神经反射，促进大脑的发育；伸、屈手指，闭上眼睛扣扣子，练习写字绘画，可以增强手指的柔韧性，提高大脑的活动效率；摆弄智力玩具、拍球投篮、学打算盘、做手指操等精细的活动，可以锻炼手指的灵活性，增强大脑和手指间的信息传递；玩积木、橡皮泥有利于动手能力的培养；经常让宝宝交替使用左、右手，可以更好地开发大脑两半球的智力。

### 2. 语言学习

人们经过长期研究得出一个结论，儿童学会两三种语言跟学会一种语言一样容易，因为当宝宝只学会一种语言时，仅需大脑左半球，如果同时学习几种语言，右脑就会参与其中。

### 3. 爬行

妈妈们经常要求宝宝不要在地上爬行，怕弄脏衣服，嫌不雅观。然而要刺激右脑，最好的方式就是从小训练爬行，对未来的平衡感和运动细胞的发展都有帮助。

### 4. 借助音乐

大脑的右半球主管音乐、情感等功能，称"音乐脑"。如果在宝宝的幼儿期能够经常学音乐、听音乐，可以开发"音乐脑"，提高宝宝的智能，学习弹琴是一种很好的指尖运动。还可以在宝宝做其他事情的时候，创造音乐环境。

因为音乐由右脑感知，左脑不受音乐影响而继续工作，在不知不觉中锻炼宝宝右脑。

### 5. 运动锻炼

有意识地让宝宝的左手、右手多次重复一个动作，能起到刺激右脑的作用，激发宝宝的灵感。在运动时，右脑对鲜明色彩、形象和细胞的激发较静止时要快得多，由于右脑的活跃运动，左脑活动受抑，人的思维就会摆脱逻辑思维的控制，人的灵感就会脱颖而出。

## 给宝宝预备心理营养餐

心理如同身体，在营养匮乏的时候，需要及时地补充，它才能够健康地成长。而宝宝的心理发育和身体发育是一样的，需要"营养"及时滋润。当然，心理发育所需的"营养"并不是蛋白质、维生素和矿物质之类的营养元素，而是来自家人的拥抱、赞扬、关怀和笑容。

父母热烈的拥抱，是宝宝心理发育最佳的"营养"。在宝宝的感觉器官中，皮肤是最敏感的，因此亲子间的肌肤接触十分重要。不过，拥抱也是有讲究的，研究发现，紧紧的长时间（持续8秒钟以上）拥抱，才能使宝宝真正感到被爱、被信任、被肯定。一天拥抱一次，连续两三天，间隔两三天，然后再重复进行。这样的拥抱法，对宝宝心理发育最有益。

父母亲切的话语，是宝宝心理发育的重要"营养"。宝宝虽然不会用语言与父母交流，但宝宝却能接受父母亲切的话语中传递爱的信息，并由此感到满足。因此，父母千万不要忽视与宝宝的"交谈"。

父母的灿烂笑容，是宝宝心理发育的重要"营养"元素。父母忧愁、焦虑的面庞会打乱宝宝心里的宁静，给宝宝造成压力，使宝宝的心里感到害怕和不安。因此，作为父母为了宝宝，应该努力学会保持积极乐观的心态、奋发向上的生活态度，让宝宝总是看到你的笑容，这样宝宝也会感觉很温暖，很开心，

将来也会开朗坚强。

## 好心情是走出来的

周岁前后，宝宝已经学会了独自站立。为了避免宝宝受到意外的伤害，要让宝宝站在安全、平整、清洁的地毯或者草地上，周围不要存放任何有可能把宝宝碰伤的东西。尤其要把药瓶、化妆品、清洗剂之类的物品放在宝宝碰不到的地方，以免宝宝误食。在给宝宝穿衣、洗澡、说话时，可以让宝宝站着，把宝宝的注意力集中到活动上，延长站立的时间。

宝宝能站稳后，就鼓励宝宝走。在前方摇动玩具让宝宝走上前来拿，宝宝就会努力摇摇摆摆地往妈妈身边走。在独自站立和独自行走的游戏中，妈妈一定要在宝宝身边，随时随地帮助宝宝，鼓励他，给他保护的同时又给宝宝勇气。同时注意不能让宝宝跌痛了，对行走产生恐惧感，要尽可能让宝宝自信、勇敢。在户外，要给宝宝穿上厚底鞋，在室内的地毯上，可以不穿鞋，但要注意，软床上不适合宝宝练习行走。

这项训练可以很好地锻炼宝宝站和走的能力，让宝宝能在没有任何依靠的条件下，逐渐掌握身体和四肢之间的协调和平衡。同时，还要给予宝宝信心和勇气，赞扬他，告诉他他真的很棒，最重要的是要让宝宝感觉到自由行走带给他的愉悦和快乐。

## 宝宝发热怎么办

从出生以后，孙女士的宝宝的身体一直很好，也从来没有发过热，但是现在宝宝已经6个月了，突然有一天夜里，哭闹得特别厉害，额头很烫，一量体温超过了38℃。这可把孙女士急坏了。在去医院的路上孙女士一直在想："宝宝是不是得了什么重病？"到了医院，医生为宝宝做了一个全面的检查，原来是得了幼儿急疹。

大多数宝宝在出生6个月到18个月期间会出现幼儿急疹，在6～8个月期间发病率尤其高。原因是，从这个时期起，婴儿从母体获得的免疫力已基本消失。

幼儿急疹最显著的特点是，持续发热3天，然后在第4天退烧以后，宝宝的背部会长出红色的、像蚊子叮了似的小疹子，而且逐渐扩散。到了晚上，脸上、脖子、手和脚上也都长出来了。出疹性发热是自限性疾病，无需治疗，到时候会自然痊愈。发热高的，可以适当服用退热药或采取物理降温。

在发热的头3天里，婴儿的症状与"感冒"、"睡觉着凉"、"扁桃体炎"区别不大。只有到退热后疹子出来，才能确诊为"幼儿急疹"。

需要注意的是，有极少数婴儿发热不止3天，而是4天。第5天热退以后才出疹子。另外还有个别情况，发热不是持续在38～39℃或以上，而是多少有些波动。上午只有37℃多，到了夜里才升至39℃左右。

婴儿发热后，可以使用体温计测一下体温。使用时，应先用柔软的干毛巾把婴儿腋下的汗擦净，然后按规定时间将体温计夹在婴儿腋下。普通的体温计不能用于肛门处。

冬天，在疹子消失之前尽量不要给婴儿洗澡。盛夏时节，在第3天退热以后，如果婴儿喜欢洗澡可以给他洗。洗澡可以使婴儿睡觉更香甜。

一般而言，出疹子的疾病是不能见风的。但患幼儿急疹的婴儿即便带到户外，也不会有什么影响。

婴儿只要得过一次幼儿急疹，以后就不会再感染了。2周岁之前如果婴儿没有得幼儿急疹，长大以后一般也不会发病。

幼儿急疹与麻疹是比较好区别的。麻疹出疹子时伴有发高烧，而幼儿急疹在出疹子时不发高烧，而且宝宝尽管退了烧，但仍然不精神，老是哭。第三天

夜里或第四天早晨，宝宝排出的多半是稀便，到第五天就完全好了。这时宝宝的精神也恢复常态，疹子也少了。

### 小贴士

有一些宝宝虽然并没有吃含铁维生素，可有睡前喝奶或是喝果汁的习惯，就会形成一个灰色的斑点，如是长此以往，这个难看的斑点就会形成蛀牙，此时最好让小儿科大夫或是儿童牙医检查诊治。

## 宝宝喜欢趴着睡觉

从这个阶段开始，有的婴儿会趴着睡觉，老人就会告诉年轻的妈妈，小儿趴着睡觉，可能是肚子里有虫子或小儿肚子痛。于是，有些爸爸妈妈非常担心，为此去看医生。

其实，趴着睡觉并不是什么病态，而是婴儿能够自由翻身的证明。每个人在睡觉时，都是采取他最舒服的姿势睡眠，婴儿也是如此。当他能够翻身以后，如果感觉趴着睡觉舒服，当然就要采取这种姿势。况且婴儿也不可能整个晚上都采取这个姿势，可能会仰卧或侧卧一会儿，再俯卧一会儿，不断地变换睡姿，这是很正常的。

## 宝宝仍旧吮吸手指

吸吮手指在宝宝3个月以前是非常常见的，这是宝宝的本能。3个月以后，会减弱，6个月以后，就消失了。如果宝宝6个月以后，还继续吮吸手指，或者原来不吮吸，现在吮吸，这就不是本能了，但也不表示这个婴儿需要吮吸。为了不让宝宝形成"吮指癖"，爸爸妈妈需要帮助宝宝纠正。

要弄清楚造成宝宝吮吸手指的原因，如果属于喂养方法不当，应纠正错误的喂养方法，克服不良的哺喂习惯。

父母要耐心、冷静地纠正宝宝吮吸手指的行为。而且还要默默帮助，而不是大声训斥，或打宝宝的手，更不要使用捆绑双臂或戴指套的强制性方法。这些都是错误的做法，不仅毫无效果，而且一有机会，宝宝就会更想吮吸手指，而使吮吸手指的不良行为顽固化。

最好的方法是了解宝宝的需求是否得到满足。除了满足宝宝的生理需要（如饥渴、冷热、睡眠）外，更要丰富宝宝的生活，给宝宝一些有趣味的玩具，让他有更多的机会玩乐。还应该提供有利条件，让宝宝多到户外活动，使宝宝生活充实、生气勃勃，分散对固有习惯的注意，保持愉快活泼的生活情绪，使宝宝得到心理上的满足。

另外，给爱吮吸手指的宝宝吮吸安慰奶嘴，虽可避免宝宝吮吸手指，但吮吸乳（硅）胶奶嘴同样是不可取的，只是让宝宝换了吮吸的物体，宝宝仍然有吮吸依赖。而且这对宝宝的牙齿发育是不好的，可能会出现"地包天"或"天包地"，或乳牙不整齐，对牙槽骨的发育和以后恒牙萌出也有影响。

吮吸手指的行为有所减少，应及时鼓励和表扬，采用这种"正强化"方法，可有明显的效果。

宝宝在长牙期间，如果偶尔出现吮吸手指或啃手指的现象，可能会随着牙齿的萌出而很快消失，不必介意。

## 宝宝喜欢耍脾气

6~7个月的宝宝，情感丰富了，已经有了自己的主见。如果妈妈喂他不喜欢吃的东西，就会往外吐，或者用手打翻小碗。如果没有尿，或不想被妈妈把尿，而妈妈非要把，就会打挺哭闹。这是爸爸妈妈不尊重宝宝的选择、宝宝反抗的表现。

对待宝宝的脾气，妈妈要以讲道理为主，尽管这么大的宝宝还不能明白妈妈讲的道理，但爸爸妈妈生气、抱怨，宝宝是感受得到的。父母不讲道理会加剧宝宝耍脾气的势头，以温和的态度对待宝宝是最好的。

## 地图舌是怎么回事

宝宝能坐了，妈妈用勺喂辅食时就能看到宝宝的舌头。当哪天妈妈注意到宝宝的舌头上有像地图似的花纹图案，或似大陆的白色舌苔上，出现了似湖泊、海湾样的红色的舌质，就会感到吃惊。于是带宝宝到医院去检查，医生告诉妈妈这是"地图舌"，没事儿，不需要特殊的治疗。

可是，当妈妈继续观察下去时，又会发现，那"地图"过2~3天就像大陆漂移似的，不断地变化，但多数时间会在舌头上的某一部位看到白色的"岛屿"，于是妈妈还是很担心。

从医学角度讲，这是因为存在于舌头表面上的某种组织"更衣"所致，所以并不是疾病。这种现象也因人而异，有的宝宝可以清楚地看到，有的宝宝则完全看不到。其实，这种"地图"样现象的出现，多半是从宝宝出生后的2~3个月开始，只是那时妈妈只顾让宝宝吃奶，而没有机会注意看宝宝的舌头而已。

对于"地图舌"，在治疗上无论是外用药，还是内服药都没有效果，只有顺其自然，靠自身的调节，慢慢就会消失了。不过，有的宝宝上学后还能看到这种现象，原因虽然尚不明了，但并不存在有"地图舌"的宝宝特别体弱的现象。

## 偏食挑食可不行

有的宝宝吃肉太多，吃菜、吃水果太少，所以食物中蛋白质含量多，纤维素含量少。蛋白质成分多，大便呈碱性，容易干；植物纤维素含量太少，结肠内容物少，肠道缺乏刺激，不易产生便意。有的宝宝喜欢吃干食，饮水少，肠道刺激不足，也易发生便秘。

对于此种情况，首先应多喂宝宝吃些菜泥、水果泥，进食蔬菜、水果的量与肉食的比例至少在3：1，也就是说吃3口蔬菜吃1勺肉；对于不爱吃蔬菜的宝宝，妈妈可把蔬菜切碎与肉放在一起，包成小饺子，也可以用蔬菜煮粥或面片，增加蔬菜的进食量。

如果宝宝不爱喝白开水，可适当在水中加入一些果汁，用秋梨膏冲水也不错。但不要用可乐、雪碧及其他饮料替代。

## 大便干燥

宝宝出现大便干燥，于是妈妈开始给宝宝增加果汁、菜水、米汤等，甚至还把治疗便秘的方法（调整饮食结构、灌肠、药物治疗）也用上了，但一些婴儿大便仍然干燥。带宝宝到多家医院检查，也没有查到疾病。

对于这种情况，可以采用下列方法：交替给宝宝喂香蕉泥、芹菜、白萝卜泥、胡萝卜泥、菠菜、花生酱、小米粥。宝宝每天能喝下多少白开水，就喂多少白开水。用西瓜汁、草莓汁、葡萄汁、梨汁、桃汁（现榨，不是现成的果汁饮品）代替橘子汁，喂给宝宝喝。妈妈或爸爸的手充分展开，以肚脐为中心捂在婴儿腹部上，给婴儿进行每天1次的腹部按摩。每天按摩的时间要固定。按摩时，妈妈或爸爸的手从右下向右上、左上、左下按摩。按摩后，给宝宝把便或让宝宝坐便盆（宝宝反抗时即停止），时间控制在5分钟以内，以2～3分钟为好。

以上方法只要爸爸妈妈能够长期坚持，定会收效。

## 应对宝宝的突发坠落

8~9个月的婴儿会爬，会翻滚，甚至还会站立，加上爱动，所以这个阶段的婴儿容易发生坠落意外。最多发的坠落是婴儿从床上掉下来，其次是因椅子翻倒而发生的坠落。婴儿头大，坠落后，通常都是头先着地。这就会让一些妈妈担心坠落碰伤了头，影响婴儿的智力发育。其实，对这种意外，妈妈不必过于担心，因为几乎没有婴儿从1米以内的高处坠落下来而留下什么后遗症的。哪怕下面是没有铺任何东西的地板，只要宝宝碰撞后立即"哇——"地哭出声来，就不用怕。

婴儿坠落几分钟后，头部会出现柔软的肿包。这和大人常发的脑内出血是不同的，是位于头骨外部的血管损伤引起出血所致，不需要特别处理。头部擦破皮可涂上消毒药，带宝宝照X线则大可不必。

从床上或椅子上的坠落，一般不需要看医生。但婴儿从楼梯上滚下来，就不那么简单了，要引起妈妈的重视。有短暂的意识丧失或头部有伤时，需要带婴儿到医院检查，确定婴儿头部是否有损伤。

## 不吃奶

在这个阶段进行人工喂养时，妈妈可能会遇到宝宝不喜欢吃牛奶的情况——好好喂，宝宝就是不吃，如果使用强制手段（宝宝睡得迷迷糊糊时喂），一天也只能喂个100毫升左右。

为什么宝宝不喜欢吃牛奶呢？这不是宝宝厌食牛奶，而是现在的宝宝已经有了自己的意愿，对食物味道有了选择。一般情况下，这样的宝宝开始喜欢吃咸味的食品，对甜味的食品则不怎么爱吃，发生这种情况的男婴较女婴多。

对这种情况，妈妈采取什么办法解决呢？如果是吃配方奶的，妈妈可以换成味道比较淡的鲜牛奶试试。如果宝宝也不喜欢吃鲜牛奶，可以加一些酸乳酪，也可以只喂奶酪或奶糕。如果宝宝还是不喜欢吃，那就停一段时间，给宝宝喂辅食。由于给宝宝喂奶是为了补充足量的蛋白质和钙，所以辅食中一定要有足够的肉蛋。需要注意的是，停一段时间喂牛奶，不是彻底不喂牛奶，即便宝宝每次只能吃30~50毫升，也要喂，以防宝宝更加反感牛奶的味道。

**小贴士**

腹泻是婴儿常见病，发病原因也有很多，如进食过多或是次数过多，加重了胃肠道的负担；食用过多带渣、油腻的食物，使食物不能完全被消化。

# 宝宝为什么用手抠嘴

用手抠嘴，是这个阶段婴儿比较普遍的一种现象。有时宝宝会因抠嘴而发生干呕，甚至把吃进去的奶吐出来。宝宝为什么要这样做呢？原因有两点：

①宝宝长牙齿，嘴里不舒服，就用手抠；②宝宝手的活动能力增强，把手放进嘴里抠。

婴儿用手抠嘴，与早期婴儿吮吸手指不同，属于不良的动作。爸爸妈妈要帮助宝宝改正。在宝宝抠嘴时，父母把宝宝的手拿出来后，可以表现出不高兴的样子（可以让宝宝认识妈妈不高兴了，是自己做错了事），或者和颜悦色地和宝宝讲道理（效果不是很好），但不要用严厉的语气骂宝宝，比如"以后再看见你抠，就打手"，这样做往往是没有效果的，因为婴儿还不具备辨别是非的能力。

## 手抓饭，吃得香

小婴儿吃饭时往往喜欢用手去抓，许多父母都会竭力纠正这种"没规矩"的动作，其实没有必要。因为这样有利于宝宝以后形成良好的进食习惯。

"亲手"接触食物才会熟悉食物。宝宝学"吃饭"实质上也是一种兴趣的培养，这和看书、玩耍没有什么两样。起初的时候，他们往往都喜欢用手来拿食物、用手来抓食物，通过抚摸、接触等初步熟悉食物。用手拿、用手抓，就可以掌握食物的形状和特性。从科学的角度而言，根本就没有宝宝不喜欢吃的食物，只是在于接触次数的频繁与否。而只有这样反复"亲手"接触，他们对食物才会越来越熟悉，将来就不太可能挑食。

用手抓饭让宝宝对进食信心百倍。小婴儿手抓食物的过程对他们来说就是一种愉悦。只要将手洗干净，小婴儿甚至可以"玩"食物，比如米糊、蔬菜、土豆等，到18个月左右再逐步教宝宝用工具吃饭，培养宝宝自己挑选、自己动手的愿望。这样做会使他们对食物和进食信心百倍、更有兴趣，促进良好的食欲。

## 宝宝还不会坐

宝宝出生6个月以后，在不需要爸爸妈妈的帮助之下，自己基本上就能坐稳了。但是有一些宝宝6个月之后仍然不会坐，即使是坐也会往前倾，还要爸爸妈妈的帮助或者是在背后垫东西才能够坐稳。这根本不用担心，因为很多宝宝是在7～8个月才能坐得很稳。若是6个月以后的宝宝借助背后垫的东西仍然不能够坐稳，头部向前倾，下巴抵住前胸部，甚至倾到腿部，这种情况就不太正常了，需要及时去就医。

# 第四章

# 迈出人生的第一步（9～12个月）

## 训练手指灵活性

　　婴儿出生后神经活动和运动的发育都遵循这样的规律，即由粗到细，由低级到高级，由简单到复杂。随着运动神经的不断发育，感受到外界的刺激越来越多，反过来会不断地促进其智力发育。所以"心灵"与"手巧"是相辅相成的。手在完成每一个动作时，要通过大脑、眼、手等身体各部分的相互配合，训练宝宝手的灵活性和各种技巧，可同时促进大脑的发育和智力的发展。

　　3～4个月的宝宝就会有目的地伸手抓东西，并能把放在面前的东西放进口里。这时家长应在宝宝面前放一些容易拿得起来且又没有危险的小玩具，如小木槌、木圈、有响声的小玩具，引逗宝宝去拿。

　　12个月左右的宝宝可以比较熟练地使用双手来做一些事情，但动作还不够细致和协调，家长可以让宝宝摆一摆积木，也可以让宝宝用容器装东西，如把一个个钮扣捡起来放到小桶里。有意识地让宝宝感受到自己动手玩的乐趣，锻炼手指动作的协调性。

　　24～36个月的宝宝可以开始学画画。宝宝36个月以后，双手的技能有了较快的发展，应当让宝宝自己学着穿脱衣服、解扣子、用筷子，玩具最好是半成品或具有可变性的玩具，如积木、变形金刚等，可根据提示或凭自己的想象拼凑、组装出各种各样的结构或图形。手工制作也是一种锻炼双手技巧性的重要方法，通过手工造型可提高宝宝的想象力、创造力，有助于培养宝宝的审美能力，如剪纸、折纸或制作玩具。手工制作玩具可以就地取材，充分利用旧挂历、鸡蛋壳、木片、纸板、火柴盒等，激发宝宝的好奇心。总之，抓住宝宝

成长中的各个环节，让宝宝的双手有充分利用和锻炼的机会，使他变得心灵手巧。

# 教宝宝迈开第一步

　　宝宝10~11个月的时候是宝宝开始学习行走的第一阶段，当父母发现宝宝在放手后能稳定站立时，就可以开始尝试走路了！

　　宝宝12个月左右的时候，父母应注重宝宝站、蹲、站连贯动作的增加，如此做可增进宝宝腿部的肌力，并可以训练身体的协调度。

### 1. 当宝宝开始走路就代表着具备以下三项条件

　　（1）宝宝能自主性地握拳，并能随其意志使用手指及脚趾；

　　（2）宝宝腿部肌肉的力量已经足以支撑本身的重量；

　　（3）宝宝已经能灵活地转移身体各部位的重心，并懂得运用四肢，上下肢各种动作的发展也已经协调得很好。

　　有些宝宝在学习走路时会出现踮脚尖走路的现象，父母可通过观察宝宝踮脚尖走路的频率来判断是否有异常现象，若宝宝有时用踮脚尖的方式走路，有时恢复正常状态，则无须担忧。一般来说，宝宝大约在3岁之后协调运动才会发育成熟，在此之前走路走不稳都不用过度担心。

很多刚学会走路的宝宝最容易发生的意外就是扭伤，而这时候的宝宝通常又不能表达得非常清楚，父母就要细致观察宝宝的一举一动来得知。父母应仔细观察宝宝走路是否出现一瘸一拐的，或是躺在床上踢脚，看宝宝是否能踢得好。除此之外，也可压一压宝宝腿部各部位，看看宝宝是否会感到疼痛。

## 2. 建议父母给予的辅助方式

在宝宝10～11个月的时候，父母可利用学步用的推车或是学步车，协助宝宝忘记走路的恐惧感觉学习行走。

在宝宝12个月的时候，父母将玩具丢在地上，让宝宝自己捡起来。建议辅助工具用学步车、楼梯、木板、小椅子等。

## 3. 宝宝在使用学步车时，必须注意以下几点要领

（1）最好等宝宝7个月大以后，能够支撑颈部并平稳坐立时再使用。

（2）学步车的高度需适合宝宝的身高，不宜过高或过低。

（3）每次使用的时间不宜过长，以不超过20分钟为原则。

（4）使用学步车时应在大人们的视线范围内。

## 4. 安全环境的安排

学走路的宝宝可能遇到的危险比较多，在环境安全的问题上，父母需要费更多的心思。

（1）阳台

宝宝一旦学会行走，"到处乱走"是必然的情形，此时父母就需特别留意不要让宝宝走到阳台上。没有围栏或栏杆高在85厘米以下，栏杆间隔过大(超过10厘米以上)，或者阳台上摆小凳子等容易使宝宝面临危险。

（2）家具

家具的摆设应尽量避免妨碍宝宝学习行走，父母宜将所有具有危险性的物品放置高处或移走，并且需留意不要让家具有尖锐的角，以防宝宝碰撞受伤。

（3）门、窗

宝宝容易在开关门中发生夹伤，父母可使用防夹软垫来避免危险；至于窗户方面，最怕宝宝走到窗边玩窗帘绳，如此容易发生被绳子缠绕造成窒息的危险。

### 5. 把握最佳的辅助时机

整个婴儿期宝宝的动作发展是否正常，关系着生理健康及日后的认知发展，如果宝宝动作发展受阻，不但会影响日后的学习，也会形成心理上的障碍，所以父母应时时注意宝宝每个阶段的动作发展情况。

另外，宝宝每个动作的发展都代表着一层意义，如果能在最佳的时机给予适当辅助，对宝宝的动作发展将有事半功倍的成效。

## 带宝宝感受音乐魅力

育儿过程中常有这样的现象，当你教宝宝朗诵一首儿歌，并想让他背诵下来时，总是要花费不少力气。但是你要是教他唱一首带有曲调的儿歌，也要他背诵时，那就容易得多了。

在这个现象的启发下，美国学者杰金斯提出一个发展儿童阅读与记忆能力的新见解。他认为："如果一个儿童会唱很多歌，他很可能成为一个阅读和记忆能力很强的人；如果这个儿童不会唱歌也不会画画，在学作文的时候，他运用词汇的能力将会比较差。一个宝宝能唱50首歌，就能读50首歌词。因此，我们应当把音乐和阅读结合在一起。在宝宝会唱一首歌并且背出这首歌的歌词时，我们就可以把歌词给宝宝写出来。宝宝会在歌词里发现一个新天地。"事实证明，一个儿童会唱的歌越多，他记住的词汇也就越丰富。有人曾做过这样的试验，即让儿童运用音乐手段来掌握和记忆语言词汇，结果发现，这要比单纯用语言手段让儿童记忆的效率高出2~4倍。

当然，音乐教育最直接的益处是发展儿童的听觉感受力，提高其音乐欣赏水平，发挥宝宝的想象力、创造力，陶冶性情，美化心灵。为了培养儿童的音乐感受性，在日常生活中可以从以下几个方面入手：

## 1. 多让宝宝倾听周围的各种声音和美好的音乐

研究表明，听力训练可从新生儿出生开始。比如，让婴儿倾听各种能发出悦耳声音的玩具声响，还有闹钟的滴答声，自然界中的风、雨声，火车、汽车、轮船的鸣笛声，以及各种人的声音。宝宝稍大些时，可以训练他们辨别所听到的不同声音，辨别声音所来自的方向，还可以鼓励宝宝模仿不同的声音，如小动物的叫声等。此外，还应该常给宝宝唱歌或教他们唱，并播放优美的音乐给宝宝听。

## 2. 培养宝宝的节奏感

人类生活中充满了节奏，四季的循环、日夜的交替是一种节奏；人体心脏的跳动、肺的呼吸也是一种节奏。节奏更是音乐中不可缺少的因素。由于感受节奏主要靠肌肉活动，因此在发展宝宝的节奏感时，除了让其听一些有节奏的声音之外，更重要的是让宝宝有随着节奏合拍动作的机会。在家庭生活中培养宝宝的节奏感，可用拨浪鼓、铃鼓等打击出一些有节奏的声音给宝宝听，并让他学着敲打；还可以让宝宝坐在大人身上，随着音乐或儿歌的节奏上下颠动，或者敲打出长短、快慢不同的声音，让宝宝想象这些声音分别可以代表什么声音等。

## 3. 教宝宝唱歌

唱歌能影响宝宝的情感和想象力，培养其音乐感觉和表达能力，并有益于儿童语言的发展。在教宝宝唱歌时，应注意选择一些曲调简单、音域适合儿童的歌曲，以便于宝宝容易把音唱准，并避免使宝宝声带受到损伤。稍大一些的宝宝，还可教他们识谱，甚至尝试让他们为熟悉的歌曲填入新的歌词等。

### 4. 教宝宝演奏

演奏乐器能帮助宝宝更好地理解音乐语言，发展对音乐的鉴赏能力，乐器合奏还可以培养宝宝与他人合作的精神。对于幼儿来说，敲打各种乐器是他们很感兴趣的一件事。因此，可以让宝宝接触响板、铃鼓、木鱼、三角铃之类的打击乐器。3~4岁的宝宝音乐感已较敏锐，可以开始学习钢琴。6岁左右的宝宝便可以开始学习提琴、胡琴、琵琶等乐器。这样，他们在幼时便打下了良好的音乐基础。

# 带宝宝畅游文字的海洋

李嫣是一个新妈妈，她的宝宝刚刚12个月。李嫣和大多数的父母一样，心想："才刚刚12个月的宝宝话还不太会说，又怎么会看书呢？"所以只是给宝宝买一些好玩的玩具。这样的想法正确吗？

其实，1岁的宝宝已经具备看书的能力，可以认识图画、颜色、指出图中所要找的动物、人物。当然，这需要妈妈的指导和协助。妈妈问宝宝："小花猫在哪儿？"宝宝就可以从画中指出。18个月的宝宝会随妈妈一起翻阅图书，找自己喜爱的画，21个月的宝宝能念念有词地说出图中几种动物的名称。可以说，12个月的宝宝不仅能看书，而且需要学习，因为这个年龄段正是幼儿语言飞速发展的时期，宝宝能从图画中知道许多的动物、植物、工具及日用品的名称，从而积累大量词汇，为以

后顺利说话打下基础。另外，看书识图也能培养宝宝较强的注意力、观察力和辨别力，促进智力发育。

如何教1岁的宝宝看书呢？首先，父母要学会买书。12个月左右的宝宝，可买一些画有动物、水果、日用品等方面的图画书，每页最好不要超过4幅画，教宝宝认图。到宝宝快18个月时，可以买一本硬纸做的书，或找一本刊物，教宝宝学习自己翻书页或找喜欢的画。以后，可以适当地买几本色彩明亮鲜艳、内容简单易懂，且带有一定故事性的图画书，在闲暇的时候，教宝宝读书，给宝宝讲故事，最主要的是讲的故事要有吸引力，声情并茂，可以让宝宝有身临其境之感。通过父母循序渐进地诱导，宝宝一定会爱上看书而且会受益终身。

**小贴士**

与宝宝语言教育同等重要的有身体的锻炼。即使一点也不到户外去锻炼，婴儿的体重也会日益增加，在定体检查时，常被夸奖说发育良好。可是，这只是一个表面现象而已，身体的功能不锻炼就不会加强。

## 宝宝如果不会站

已经9个月大的婴儿，还不会站立的不是很多，但有的婴儿可以自己扶着东西凭借外力站起来，而有的婴儿还不会，或者站得不稳，这不是什么问题，更不是婴儿的运动能力差。可能是因为别的原因，比如，爸爸妈妈要上班，宝宝让家里的长辈或者保姆代为看护，平时对宝宝的训练比较少，可能会导致运动能力比同龄婴儿落后，不过以后会慢慢赶上的。如果刚好你的宝宝快10个月大时正处于冬季，穿得很厚，不能灵活运动，自己站起来可能就有点困难

了。如果在排除全部外因后，宝宝确实不会站，就要去看医生了。

## 宝宝的乳牙又黑又黄

王婉的宝宝已经到了长牙的时候了，但奇怪的是，宝宝长出的乳牙上面好像总有一些黑黑或是黄黄的东西。为此，王婉带着宝宝到医院做了检查。医生告诉王婉，宝宝之所以会出现这种情况很有可能是因为牙釉质或牙本质发育不良引起的，但是绝大多数原因是由于牙齿染色所产生的色素沉淀所致。这种色素沉淀在医学上称为"牙齿表面外在色彩沉淀"，是口腔里的特殊菌种、唾液的成分或者经常饮用有色的饮料（如咖啡、茶、可乐等）所导致。医生还让王婉不要担心。

要改善乳牙又黑又黄的情形，多半要通过专业牙科医生使用慢速磨牙机与医用磨石粉来去除。不过，在宝宝的乳牙更换为恒牙之后，这种又黑又黄的情形有可能再次出现。因此，在乳牙的黑黄情形获得改观之后，还是需要做好彻底的清洁工作，不要让牙菌斑堆积，同时尽量少摄取色素含量高的饮料与食物，以免色素再次沉淀。

## 屏息现象

有时，妈妈看到婴儿拿着爸爸忘了带走的打火机玩耍时，急忙想从宝宝的手中拿走，可婴儿却紧紧地攥着不松手，妈妈想极力掰开婴儿的手时，婴儿就"哇"的一声大哭起来。有些婴儿只是哭声很大，而有些婴儿会声音慢慢变小，直到消失，脸憋得铁青，甚至不省人事，一会儿之后，又大声哭出来。这就是宝宝的屏息。

宝宝的屏息，通常是源于愤怒、沮丧或痛楚，但这不是得了什么特别的病，不足以造成任何脑部伤害。这是因为随着婴儿的逐渐长大，有了自己的主见。屏息在婴幼儿中发生比例约为1/5，年龄约在6个月到4岁。

如何减少以至消除宝宝的屏息现象？

如果宝宝正专心致志地玩着一件危险的物品时，妈妈不要强行拿走，可以设法转移其注意力，再不动声色地拿走，或者给婴儿一样别的东西，使婴儿自然地把危险品放下来。否则的话，宝宝的反抗和大哭，可能导致发生屏息。见到婴儿这样，妈妈往往会让步，把东西重新归还给宝宝，并安慰他，这样几次下来，婴儿就会熟悉使父母屈服的手段，以后宝宝会遇到什么事都大哭，以此来支配父母，发生屏息的可能性也会增加。

对于爱使性子的宝宝，在其使性子之前，就要想办法让他平静下来，利用音乐、玩具或者是其他转移宝宝注意力的方法；让宝宝得到足够的休息，因为休息不够容易使宝宝爱动肝火，宝宝发脾气哭闹就可能引起屏息；尽可能地减轻宝宝身边的紧张氛围，假如屏息状况开始，爸爸妈妈不要惊慌，而要冷静处理，焦虑只能让事情变得更糟。

**小贴士**

大多数的婴儿在减少乳类食品摄入、增加饭菜后，湿疹就会逐渐好转并消失，但有些过敏体质的婴儿已经快满1岁了，湿疹现象仍然存在，而且在吃了海鲜食品后会更加严重。

# 夜间突然啼哭

婴儿以前一直在晚上睡得很安稳，有时突然在夜间啼哭起来。如果是阵发性啼哭（哭一阵子后，就安静下来了，可没过几分钟，又开始哭了起来），父母首先要想到是不是肠套叠。如果只是啼哭一会儿，哄一哄就睡了，爸爸妈

妈不会在意。但如果哄不好，宝宝哭得时间很长，即使没有疾病的表征，爸爸妈妈也会把宝宝带到医院看急诊。可是到医院后，宝宝不哭了，反而笑了或者睡得很香，什么事也没有。第二天宝宝又出现这种情况时，爸爸妈妈就不会像第一次那么着急了。为什么以前一直在晚上睡得很安稳的宝宝，月龄越大，反而闹夜了？可能的原因有：天气冷，婴儿自己睡，被窝凉（摸摸宝宝，若身体凉，可以让宝宝和父母一起睡）；天气冷，婴儿户外活动少，使婴儿夜眠不安（中午气温高的时候，多带宝宝到户外活动）；做噩梦，肚子不舒服（搂一搂宝宝，给宝宝揉揉肚子，能有效缓解闹夜）。

## 小贴士

如果婴儿是很理性地把饭菜吐出来，而不是呕吐，就没有什么关系。只是因为现在的婴儿有了自己的个性，在饮食方面有了自己的选择。吐出来说明婴儿不喜欢吃这种饭菜，或是吃饱了，或是不饿，父母就不要再喂了。

## 如果宝宝吞食了异物

这个月龄的婴儿，捡到小东西就会往嘴里送。如果宝宝不小心吞食了小的异物，大约在一周内就可随大便一起排出体外，所以不用太担心。但有时异物可能因为某种原因而未能排出，此时即要到医院照X光，找出发夹所在的地方。

宝宝从7个月起，可给其吃鱼，但如果不小心让骨刺扎在宝宝的喉间，此时千万不可在家中自行处理。如果企图用米饭、馒头等把刺吞下去，反而会扎进食道，更加危险。因此，最好带宝宝去看外科医生。

宝宝误食小玩具时，应在吞下后2～3日之间注意宝宝的粪便，仔细检查吞入的东西是否排出。如果宝宝的身体状况或食欲都和平时一样，那么即使异物没随粪便排出，也不必担心，因为有可能是在粪便中而没看到，或是宝宝其实并未将之吞下。如在误吞之后，宝宝喝奶或饮食情况变得很不好，而且很不舒服地一直哭，那么就可能是东西卡在身体某处了，这时必须就医。

如果玩具卡在喉咙而无法呼吸时，要立刻将宝宝倒过来，用力拍打其背部，使东西吐出来，或者从宝宝的后方以两手环抱其腹部，用力地按压宝宝的肚子。如果宝宝不停地咳嗽，呼吸时发出沙哑的声音，此时就什么也别做了，应火速将宝宝送往医院。


# 宝宝是个左撇子

"这宝宝是左撇子吧"，因为宝宝接东西、拿东西都习惯使用左手从而被妈妈注意到了。是左撇子还是右撇子是天生的，因此，并不是因为左手使用多了就成了左撇子。觉着这个阶段的婴儿像是左撇子，父母就有意识地不让婴儿使用左手，这种做法不好。用左手还是用右手，还是顺其自然，父母不应该强制。

总是限制好用的手，就是束缚婴儿用手去进行创造。婴儿想用哪只手，就让他怎么方便怎么用，这是鼓励婴儿"什么都想试一试"的意愿，最好不要考虑矫正之类的。


# 乳牙的牙根断了怎么办

就踉踉跄跄学走路的宝宝来说，稍不留意就容易摔倒跌伤，而牙齿此时受伤的概率最高。一旦牙齿受到撞击，必须请牙科医生做进一步的检查。因为有时牙齿外观看着好好的，但是牙根却可能已经出现了断裂。

一般来说，在宝宝出现乳牙断裂时，首先必须确定断在哪个部位，通常比较容易断的部位是前牙。如果牙齿断在牙根部位，还要注意观察牙齿的动摇程度。如果只是轻微的摇晃，可以先将牙齿留在口腔内继续观察；如果牙齿已经出现移位或者摇晃幅度很大，就需要整个拔除，因为乳牙无法固定，再加上日后仍会换长新牙，所以拔掉是最好的选择。还有些情况是乳牙牙根断裂，却还留有最深层的一小段在牙床里，这无须把它挖出清除，因为它会慢慢被吸收掉。

## 婴儿磨牙开始了

快11个月的宝宝，虽然牙齿只有6～8颗，但有时还发生磨牙现象。宝宝磨牙有以下原因：出牙，口腔有炎症，消化不良，有蛔虫。也有的是宝宝无意间发现，新长出的牙齿相互摩擦会发出这样好玩的感觉和声音，便把这当做游戏了，也有个别宝宝原因不明，似与遗传有关。宝宝11个月磨牙，可继续观察，注意口腔卫生，或查大便有无蛔虫等，若磨牙严重（长期磨牙会损伤牙齿），可去医院口腔科检查。

## 男婴喜欢抓"小鸡鸡"

男婴抓"小鸡鸡"，这是一种不良的行为，还很有可能会引发尿道口发炎，导致尿道口发红、肿胀、痒，排尿时尿道口疼痛。

其实，男婴抓"小鸡鸡"这个行为，不是天生的，而是有诱发因素的。

有些人很喜欢拿男婴的"小鸡鸡"开玩笑，把这当做一种喜欢宝宝的方式，这些人包括家里人、亲戚朋友，男女老少都有。大人们总是喜欢拿男婴的"小鸡鸡"开玩笑，慢慢地，婴儿自己开始认识了自己的小鸡鸡，还会产生一种误解，人人都喜欢他的"小鸡鸡"，所以，婴儿自己开始模仿大人，揪"小鸡鸡"。甚至还会这样：如果大人们不揪了，他自己也会揪给大人看。

对男婴的这种行为，妈妈可以采取给其穿满裆裤来解决。

# 就是不爱吃辅食

不喜欢吃辅食的宝宝一般为以下几种情况：

①边吃边玩：这么大的宝宝，喂饭的时候，想让其一口气吃完饭是比较难的，他总喜欢边吃边玩，把吃饭当玩。对这样的宝宝，不要总是追着喂，妈妈可以在吃饭时，把这样的宝宝带到一个没有其他人的房间去喂，并让他坐在一个专用座位上，还告诉他，吃完饭就可以出去玩了，这样几次下来，宝宝就会意识到，只有好好吃饭，才能出去玩。

②不吃蔬菜：现在宝宝可以和大人一起吃饭了。在吃饭的时候，有些宝宝就是不吃蔬菜，不论给他菠菜、卷心菜，还是胡萝卜、白萝卜、茄子，都用舌头顶出来。为此许多妈妈想尽各种方法，比如把蔬菜切碎与鸡蛋做成蔬菜蛋卷，或者放入碎肉中搅拌，做成汉堡肉饼给宝宝吃。这样很多宝宝就会吃了，但一些"强硬"的宝宝，父母放入青菜后，连鸡蛋和肉也不吃了。这样妈妈就会担心宝宝营养不足。其实大可不必。这样的宝宝只要充足地喝牛奶、吃水果，即使不吃蔬菜也不会导致营养不良，因为这些食物中含有的营养素可以满足宝宝的生长需要。

③吐饭：从来不吐饭的宝宝，突然开始吐饭了。父母首先要区分是宝宝故意吐饭，还是呕吐。一般来说，故意吐饭多是宝宝不想吃了，不喂就行了。而呕吐多是疾病所致，要看医生。

# 宝宝是否舌下系带过短

舌下系带过短，即宝宝把舌头伸出来时，舌尖很短，严重者呈W形。这一点妈妈要及时发现，否则会影响宝宝的发音。

## 头部撞出了血

婴儿摔倒后，头部撞出了血，如果是擦伤、渗血时，应用酒精棉把伤口的周围擦一擦，伤口处不要涂消炎药，也不用缠绷带。

如果是流血，要用消毒的纱布按住，立即到医院去。如果被撞的地方只是出了一个软包，没有出血，就不用涂药。但如果婴儿是从1.5米以上的地方头部先落到坚硬的地上时，即使婴儿立即号啕大哭，也要去医院检查一下。

## 腰部脊柱前凸

成人或大宝宝的体形呈曲线形，这主要是由于脊柱有三个生理性弯曲而形成的。有两个生理性弯曲即颈部脊柱前凸和胸部脊柱后凸已分别在出生后3个月左右会抬头时和6个月左右会坐时形成。到了12个月左右时，婴儿就开始练习直立行走，在身体重力等作用下，脊柱出现了第三个生理性弯曲——腰部脊柱前凸。虽然12个月左右这第三个弯曲已经出现，但由于脊柱有弹性，因此在卧位时弯曲仍可变直。另外，脊柱三个弯曲一般要到宝宝6～7岁时才固定下来，所以，从现在开始就保持正确的坐、立、走姿势是很重要的。

## 宝宝为什么踮着脚尖走路

婴儿从什么时候能独立走几步，存在个体差异。有的婴儿在11个月时就能办到，而有的婴儿则要到1岁以后。这和智力没有什么关系。

在刚学会走路的婴儿中，踮着脚尖走的现象很普遍。不必担心，这很正常。宝宝大了以后自然会改正。另外，一些婴儿在刚学会走路时，常可见到右边的腿呈罗圈腿，或左边的腿有点拖拽着似的，两条腿的运动有些不同，这不用担心，也是正常的。

**小贴士**

有些父母喜欢用手托住宝宝的身体向上抛，这种逗乐方式不但有跌伤宝宝的危险，而且还有造成宝宝患上"摇晃宝宝综合征"和脑瘫的危险。

## 心跳、脉搏较快怎么办

快满12个月的宝宝和大人相比，心跳和脉搏跳动得快，通常是每分钟110～130次，而且每个宝宝之间差异也很大，活动、哭闹、体温升高时均可使宝宝心跳、脉搏加快，而睡眠或安静时则宝宝心跳、脉搏减慢。一般睡眠时每分钟心跳、脉搏可减少20次甚至更多。

如果妈妈无意中发现宝宝的心跳、脉搏较快，担心宝宝的心脏有问题，不妨再仔细观察一下，如果是上述这种情况，就不用担心。但如果有喘不过气、嘴唇脸色青紫等其他症状，就要带宝宝去看医生。

## 如何应对得了口腔炎的宝宝

平时米饭、面条、蔬菜、水果、肉等吃得很好也很香的婴儿，突然出现了不吃固体的食物而只勉强喝点牛奶的情况。这多是因为婴儿患了口腔炎，嗓子痛而导致的。如果宝宝的体温在37.5℃以上，张开口检查时，发现在悬雍垂附近有2～3个小米粒大小的水疱，就可以诊断为口腔炎。

宝宝患口腔炎的症状，常常出现在不爱吃东西的前1天，婴儿发热

38～39℃，继而热度又很快退下去，然后嘴里长出水疱。从季节方面来看，这种病初夏最常见。平时不流涎水的婴儿，患了"口腔炎"后，也会流涎水，而且有口臭。因这种病是由病毒引起的，所以没有特效药，但同时也不会留下后遗症，4～5天就可痊愈。

在宝宝患病期间，妈妈不能给宝宝吃硬的、酸的、咸的食物，以免加剧宝宝的疼痛。牛奶和奶粉可以对付着喝进去，因此可以喂婴儿这些东西，等待着痊愈。如果宝宝一点也不喝牛奶和奶粉，可以给宝宝吃软一点的鸡蛋等。另外，这种病不能缺水，要多给宝宝喝水或果汁，也可以让宝宝起来玩。在宝宝不能吃东西的这段时间内，不要给宝宝洗澡。

## 宝宝晚上做噩梦

有的宝宝以前每天晚上都会睡得好好的，在12个月左右的时候出现夜啼。这与婴儿晚上做噩梦惊醒有很大的关系。宝宝白天时，受到一些刺激，如摔伤、打针、狗叫声、大人呵斥、异常响声等，都会使宝宝在夜间睡眠中惊醒和哭闹。如果在宝宝哭时，父母怕惯坏宝宝而不予理睬，这会使婴儿越哭越厉害，并感到无助。父母应该马上将婴儿搂在怀里进行安慰，让宝宝的恐惧心理消失，给宝宝安全感。

## 应对宝宝咳嗽有妙招

婴儿在感冒之后，会引起咳嗽。对待咳嗽，父母也不是特别在意，总是认为，只要婴儿的感冒好了，自然就不再咳嗽了。然而，往往会出现这种情况，就是感冒的症状已经消失了，而咳嗽症状又持续一两周，服药也没有任何疗效。如果婴儿只是咳嗽，既不发热、精神状态也很好，食欲也不错，那么就不要像对待病人一样对待他，总是带着上医院，这样很可能让婴儿在候诊中感染上其他的疾病。在阳光明媚的午后，可以带婴儿去户外走一走，玩一玩，让婴儿感受一下大自然，呼吸一下新鲜空气，如果玩得时间长了可以给婴儿洗一个热水澡，使婴儿的身心得到放松，对于婴儿的咳嗽很有效。

如果婴儿出现呼吸困难或是无法进食、喝水，就要立即将其送往医院就医。因为此时婴儿很可能患上细支气管炎，这就说明病情已经恶化，通常需要住院治疗，以便吸氧等救助。若是婴儿的症状较为轻微，父母可以在孩子的房间里放一个加湿器以帮助他祛除肺部的黏液，还要保证婴儿喝足够的水，这样可以缓解病痛。

第四篇

# 1～3岁宝宝的抚育：
# 我家有子初成长

# 第一章

# 宝宝越来越聪明（12～18个月）

## 12~18个月宝宝的饮食

宝宝过了12个月，就可以进食普通饭菜了。但是每个宝宝都有各自的饮食习惯，且差异很大。从营养学角度来讲，12~18个月的宝宝基本上是按每天1千克体重2克蛋白质这样的比例为宝宝配食。

对那些不太能吃的宝宝来说，如果父母认为宝宝是因为喝牛奶才不吃饭，而把每天至少喝500毫升的牛奶量改为每天200毫升，那么就算是宝宝每餐能吃两碗饭，其必要的蛋白质也会变得不足。因为宝宝成长需要的一些特定的氨基酸，只在鸡蛋、鱼、肉、牛奶等动物性的蛋白质中存在。然而，一般情况是不太能吃的宝宝，鸡蛋、鱼、肉也会吃得少，所以，要想这样的宝宝健康成长，就得多喝牛奶，这才是合理的饮食方法。

和大人们一起吃饭时，大人们都会让宝宝多吃一些米饭。但对12~18个月的宝宝，让他们多吃些鸡蛋、鱼、肉等含动物性蛋白的辅食更好。如果宝宝对这些含动物性蛋白的食物吃得少，就要用牛奶补充。

宝宝在12~18个月期间，父母习惯于每天给宝宝喝两次牛奶，早餐吃面包，午餐、晚餐吃米饭的较多。对那些不怎么爱吃米饭的宝宝来说，最好每天让其喝牛奶3次。让宝宝喝牛奶可以用杯子，也可以用奶瓶。相对来说，这个阶段的宝宝大部分还是喜欢用奶瓶喝牛奶。为了训练宝宝使用杯子，父母可以让其在喝水和果汁的时候用杯子。让宝宝自己拿着奶瓶喝牛奶比较方便，不用担心宝宝把牛奶洒出来。

有些父母可能会认为，让宝宝含着奶瓶入睡对宝宝不好。其实，如果宝宝吸着奶瓶就能快速入睡，让宝宝这样做也没有关系，可以等宝宝熟睡后把奶瓶撤掉。如果宝宝不吸奶瓶，就一边吮吸手指一边入睡，那还不如让宝宝吸奶瓶，这样更卫生些。

12~18个月的宝宝，也是学习使用勺子的时期。由于还不能灵活使用勺子，所以会把食物洒得到处都是。对于这种情况，父母要耐心教宝宝怎么正确使用勺子，但不能因此而剥夺宝宝自己动手吃饭的权利，家长应该保护他的积极性。当然，12~18个月的宝宝还不能整顿饭都一个人用勺子吃，因为这样要花费很长的时间，影响户外活动的时间。父母可以让宝宝坐好后，让宝宝自己舀饭吃，父母用筷子夹鸡蛋、鱼、肉喂给宝宝，这样可以保证宝宝摄入充足的营养。也可以先让宝宝自己吃一会儿，然后妈妈再喂宝宝吃。如果宝宝喜欢用左手吃饭，是个左撇子，父母要尊重他的习惯，不要强行改正。

这个阶段的宝宝在吃饭的中途就可能玩起来，这是宝宝不想吃了的信号，父母不要再喂了。如果为了让宝宝多吃些而不惜花上1个小时和宝宝周旋，这不仅会减少宝宝户外玩的时间，还会让宝宝食欲大减。

## 给宝宝吃些较硬的食物

对12~18个月的宝宝，无论宝宝能否咀嚼和吞咽固体食物，都应该训练宝宝学习咀嚼固体食物，既可以保证宝宝在断乳后的营养摄入的平衡，而且对宝宝咀嚼系统也是一种锻炼。当然，所谓的固体食物并不是坚果之类的食品，例如干枣、蚕豆、核桃、松子等的坚硬食物，而是那些相对于软食来说略微有些硬的食物，像面包干、馒头片、甘薯片之类的食物。添加固体食物的顺序应该是谷物、蔬菜、水果、蛋、肉。

有的父母会担心宝宝的牙没长齐，吃较硬的固体食物会有困难。其实，这是多余的担心。宝宝早在婴儿期就能凭牙床和舌头把块状食物碾烂咽下，何况是现在。父母千万不要小看了宝宝的能力。更何况如果给宝宝咀嚼有困难的食物，宝宝就会自动吐出来，这也是人的一种本能。

## 给宝宝吃的食物要粗细适中

幼儿期的宝宝虽然体格增长减慢，但活动能力强，需要补充更富营养价值的饮食。精制食物外观漂亮、口感好，但营养成分丢失太多。因此，宝宝应少吃精制食物。另外，精制食物往往含纤维素少，不利于肠蠕动，容易引起便秘。

粗糙食物营养价值比精制食物高。拿糙米和白米来说，白米经过精研细磨后，剩下的主要是淀粉，损失了最富营养的外层。糙米仅去除稻壳，保留了外层米糠和胚芽部分，含有丰富的蛋白质、脂肪和铁、钙、磷等矿物质以及丰富的B族维生素、纤维素，米仁部分含有淀粉，这些营养素对人体的健康极为重要。这是不是说，给幼儿吃的食物越粗糙越好呢？当然不是。对幼儿来说，粗糙食物难以消化吸收，吃进去后，甚至还未充分吸收消化，就会连带其他食物一起排泄掉了，这不适合12～18个月宝宝的消化特点。那么，如何安排宝宝的日常饮食？办法就是选择粗细适中的食物，既不要过于精制，也不要太粗糙。

### 小贴士

小儿感冒家庭护理的重要一条就是要让孩子充分休息，病儿年龄越小，越需要休息，待症状消失后才能恢复自由活动。

## 12～18个月宝宝的零食

王女士的宝宝已经18个月了，因为宝宝的饭量很小，在吃饭的时候也不老实，总是跑来跑去，这让王女士很苦恼。为了给宝宝补充身体所需营养，王女士在平时喜欢给宝宝买一些零食，比如苏打饼干、牛奶、奶油、鸡蛋等，在家里的时候，还会给宝宝做烤饼、蛋糕等食品。宝宝吃得很开心，身体也很强壮。

零食每个宝宝都喜欢吃，也是宝宝饮食中的一大乐趣。既然宝宝喜欢吃，又有乐趣，就要给予宝宝。但是给宝宝吃零食也有不好的一面，因为零食富含糖质，会损害牙齿，如果既含糖又含奶油，宝宝吃多了会因营养过剩而发胖。那么，到底需不需要给宝宝吃零食呢？给些什么样的零食好呢？给多少好呢？这些问题都需要根据宝宝的饮食方式来决定。

在12～18个月期间，如果宝宝食欲好，一日三餐都吃得很欢，体重超过13千克，那就可以给宝宝吃一些应季水果，或自制一些含有水果的果冻作为零食给宝宝吃，以缓解空腹感。对那些热量高还会损坏牙齿的牛奶糖、巧克力等食物，最好少吃。那些富含能量的面包、土豆片等食物也要敬而远之。

给宝宝吃零食要掌握好时间，不能由着宝宝的性子，想什么时候吃就什么时候吃。一旦养成了这个习惯，爱吃零食的宝宝就会发胖。

对于那些喜欢吃糖的宝宝来讲，如果实在不能控制宝宝对于甜食的欲望，那就一定要先和宝宝讲好条件（吃后刷牙）之后再给宝宝吃，长久下来，就会让宝宝养成刷牙的好习惯。牙膏也是有讲究的，不要用含氟的，这个年龄的宝宝还不能够完全将留在口腔内的牙膏和水吐干净，如果宝宝将这些东西咽到肚子里就会造成氟摄取过量，因为牙膏含氟量主要是以刷牙之后吐出去的含量为前提做计算的。

## 吃饭是个大问题

"宝宝很淘气，总是走来走去，就连吃饭都一样，这该怎么办呀？"一些妈妈发出求救信号。这时候该怎么办呢？首先，作为父母就应该认识到，12～18个月期间的幼儿不能够好好安静下来吃饭是很正常的事情。这是由于这么大的宝宝集中注意力时间很短，大约为10分钟。其次，要及时帮助宝宝

养成能坐下来集中精力吃饭的习惯。如果妈妈们不在意，将来就会发现改掉习惯比养成习惯还要难。如何帮助宝宝呢？最好的方法是从9~10个月起让宝宝坐在专门的吃饭椅子上，以免宝宝乱跑。妈妈们永远不给宝宝边走边吃的机会，任何人都不要追着喂宝宝吃饭。

有的宝宝可能在某一天食量下降，不爱吃饭，喜欢喝牛奶。这是为什么呢？这和婴儿在三四个月的时候厌食牛奶是一样的道理——宝宝这段时间，因为添加饭菜导致肠胃功能的疲劳需要调整一段时间。如果宝宝喜欢喝牛奶不爱吃饭，父母就增加牛奶量，不必着急，配方奶完全能够满足宝宝的营养需求。一段时间之后，宝宝就会和以前一样爱吃饭了。

有的宝宝不擅吞咽。15个月的宝宝，其他方面一切正常，就是不擅吞咽，这主要是由于妈妈添加辅食不及时，没有按部就班地给宝宝添加糊状食物、半固体食物、固体食物，导致宝宝的吞咽和咀嚼能力没有得到适时锻炼。这种情况不用担心，从现在开始训练宝宝也不晚。但在训练期间，妈妈不要操之过急，要循序渐进，也不要见到宝宝噎着、呛着，就打消训练的念头。

有的宝宝不爱喝白开水，喜欢喝饮料。对此，有些妈妈可能会这样处理：宝宝不喝白开水就给他喝饮料好了，总不能渴着宝宝。这是不正确的。纯果汁不能代替白开水，饮料就更不能代替了。况且养成宝宝喝白开水的习惯，不但对宝宝健康有益，对宝宝的牙齿也有好处。所以，父母在这一点上不能由着宝宝，要想办法给宝宝多喝白开水。当然，喝水过多对健康也不利，会加重肾脏的负担。10千克以下的宝宝每昼夜液体的总摄入量约为每千克体重100毫升。

有的宝宝不爱吃某种食物。对待这个问题，父母不能想当然地认为，应让宝宝饿着，饿了自然会吃。其实，这样做的结果往往与想象的相差很远，会导致宝宝更不接受那种食物。父母要寻找其中的原因，是宝宝不饿呢？还是宝宝情绪不好？还是不喜欢烹饪这种食物的方式？如果是宝宝不饿或情绪不好，就不要在这个时机添加。如果妈妈意识到宝宝是不喜欢烹饪的饭菜，妈妈就应该考虑改变烹饪方法，之后再尝试着喂给宝宝吃。如果宝宝是因为不喜欢吃某种食物而厌食，妈妈就应该有意识地等几天再做给宝宝吃。这样就可以让宝宝在吃饭的时候更有食欲，吃得自然就多了。

# 幼儿营养五大原则

对于幼儿来说，合理有效的饮食可以让幼儿在营养上保持均衡，从而拥有强健的体格。作为父母，在孩子的营养饮食上应注意哪些原则呢？

①全面：幼儿的生长发育需要充足的营养素，这些营养元素主要包括七类：有糖类、维生素、脂肪、蛋白质、矿物质、纤维素、水等。而这些营养素都需要从食物中摄取。所以食物的全面，是保证营养全面的第一项原则。

②多样：在每一类食品中，都需要父母花心思，时不时地变换花样，变换品种。如果妈妈可以列出的食品的品种名单越多，那当然是越好了，最好是常常带孩子去尝试一些从前没有吃过的新鲜品种。给宝宝足够大的选择食物的空间，宝宝对某一种食物的喜恶不是特别重要，最重要的是可以吃到多种多样的食物，这可以作为营养好的第二项原则。

③均衡：尽管保证在营养摄入上可以达到全面、多样，但是若摄入的各种营养素的比例不均衡，就会对幼儿的生长发育产生影响。对于喜欢吃的食物没有节制，而对于那些不喜欢吃的就会少吃甚至是不吃，这些均是不好的饮食习惯。任何食物都不存在绝对的好与坏，再好的食物也要适可而止。

④新鲜：现今人们的生活质量不断提高，人们对于食物的要求也越来越高，对于营养摄入质量也提升很多，总体来说就是新鲜。多食天然新鲜的食物，可以作为营养好的第四项原则。

⑤美味：美味作为营养好的第五项原则，其健康美味的标准是少油、少盐、少糖、少调味剂，这样可以最大限度地保留食物自身营养素与天然味道。幼儿味蕾娇嫩、敏感，切忌不要给宝宝吃一些"厚味重味"的食物，比如麻辣

烫、油炸甜饼、巧克力等，若幼儿对这些食品上瘾，就会逐渐对天然清淡的绿色食品感到寡淡无味。

## 秋季腹泻与积食的区别

秋末冬初是秋季腹泻的高发季节，以腹泻、呕吐、发热为主要症状，成稀水样或蛋花汤样，无特殊气味，大便检验可有白细胞。

积食（西医指消化不良）主要表现为食欲降低，甚至拒食，呕吐物有酸臭味，大便也有酸臭味，有不消化的食物残渣，大便检验可有脂肪球。但积食很少引起腹泻，尤其是很少排稀水样便。

这两种疾病都不需要服用抗生素，如果排水样便，要补充电解质和水，以免发生脱水。如果能够喂水，可服口服补液，如果喝不进口服补液，又频繁呕吐，就需要静脉补液了，同时服用思密达。

## 训练宝宝排便要撤掉尿布

给12个月以前的宝宝坐便盆、把尿主要是为了节省尿布。在宝宝满12个月后，父母就可以训练宝宝自行进行排便了。

对12~18个月的宝宝进行排便训练的初始，不能够要求他马上告诉父母有尿，要给宝宝一个适应期，因为在婴儿期宝宝一直都是在使用尿布，在宝宝的思想里已经形成了一种"把尿尿在尿布上是理所当然的事情"的观念。如果父母想通过给宝宝讲道理的方式，告诉宝宝将尿尿在尿布上的行为是不好的，要学着改掉这种习惯，一时三刻是行不通。但是，如果让宝宝亲自感觉到尿到尿布上是不好的，就很有效。如何做到这一点？方法就是撤掉尿布，只让他穿开裆裤。

由于宝宝兜上尿布后，很暖和，温度和尿的温度很接近，所以，宝宝把尿尿到尿布上并不会感到不舒服，相反，有一种排完尿后的舒服感。撤掉尿布后，每次宝宝尿尿时，就会有一种"热乎乎的东西沿着大腿根部向小腿流下去"的感觉。这种感觉会令宝宝很不舒服，宝宝也很讨厌。自然而然，为了告诉妈妈尿尿了的这种感觉，宝宝就说"嘘嘘"或是"嘘嘘了"。

周惠的宝宝已经18个月了，在这个年龄段的宝宝还不能够很好地控制大小便，所以，往往都是尿完了之后才告诉周惠"我尿了"。每次遇到这种情况，周惠都会很生气，指责宝宝要在尿尿前就说"嘘嘘"。这时候宝宝就会很委屈，好像心里再想："你从来都没有教过我如何'嘘嘘'，我怎么会呢？"

父母应该对宝宝尿尿能告诉自己进行表扬。另外，应该让宝宝深深懂得"只有干爽的裤子才非常舒服"。为此，父母要多注意宝宝大小便前的表情，比如正在玩耍的宝宝突然停止了玩耍，面部表情也发生了某种变化，或脸发红，或两眼瞪着不动，或眼神发呆、发直；喉咙中发出"嗯嗯"的声音；正在行走的宝宝突然站在那里不动，等等。父母应在宝宝还没有大小便之前就领宝宝去卫生间。宝宝懂得了尿湿裤子后的不舒服，也就懂得了如果能在尿湿之前告诉父母，父母就会领自己去卫生间，就用不着再去体验尿湿裤子的不舒服感。这也暗示着训练宝宝自行排便成功了。

这里要提醒父母的是，宝宝如果在训练期间腹泻，妈妈往往担心大小便会弄脏了裤子，就又给宝宝垫上尿布，宝宝想起以前垫尿布时的安全感，就是有尿也不会告诉妈妈。所以，妈妈最好不要这样做。另外，在训练宝宝进行自主排便的时候，宝宝可能会发生这种情况，就是这次可以告诉母亲说我要大小便了，但是下一次却又失败了，对于宝宝的这种反应，妈妈不要严厉地苛责或

者是体罚宝宝，在他知道自己大小便的时候鼓励他、赞扬他，告诉他他真的很棒。否则宝宝就会因心里害怕受到妈妈的批评而心生胆怯，就算有大小便也不会告诉妈妈了。

## 训练大小便没有统一的方法

撤掉尿布，让宝宝告诉父母自己要"嘘嘘"，这只是训练宝宝大小便的一种方法，不可能适合所有的宝宝。因为每个宝宝对"热乎乎的东西沿着大腿根部向小腿流下去"的感觉不一样。妈妈要根据宝宝的实际情况找到合适的方法。在这里提出几点建议：

①积极观察宝宝大小便前的反应，一般宝宝在有大小便时，更愿意接受训练。

②给宝宝准备的便器要漂亮，宝宝喜欢，就更容易把大小便排在便器中了。

③给宝宝准备的便器要轻便，能让宝宝自己拿着使用，通常情况下，宝宝更愿意接受能自己动手的事情。

这个阶段的宝宝对得到父母赞赏的事愿意重复去做，所以当宝宝把大小便排到便器中时，要及时鼓励宝宝。

排便训练不可能立马见效，所以妈妈切莫着急，不要批评宝宝把尿尿在裤子里，这样会使宝宝能够自己控制排尿的时间推迟。

养成规律的排便次数。婴儿期大部分宝宝每天排一两次大便，但宝宝能有意识地控制大小便需到18~24个月，因此，不必急于调教。如果宝宝一般都在早饭后排便的话，则每天一到时间就让宝宝坐便盆或扶着宝宝到厕所排便，但如果宝宝哭闹不肯排，也不要逼着非排不可，有些即使成功了，但等到1岁前后自我意识萌芽后，有的宝宝可能又不肯了。这时，要耐心坚持调整就会成功。

> **小贴士**
>
> 宝宝夜里能够起来撒尿是再好不过的事情了。但是，如果宝宝还不能够在夜里起来大小便，妈妈就必须一次次叫醒宝宝排尿，这样会让熟睡中的宝宝哭闹，也会扰乱宝宝的睡眠周期。

## 给宝宝准备有利健康的睡眠用具

宝宝睡得好，才能吃得好；吃得好，体质才能强壮，提高了对疾病的免疫能力。让宝宝有一个好的睡眠，床和床上用品的选择很重要。

①床：这个年龄段的宝宝的骨骼骨质较软，可塑性大，如果睡床选择不当，就会影响宝宝的正常发育。在为宝宝选择睡床时，要软硬适度，而且应以不冷为宜，床上少铺褥子，特别是新的柔软的褥子。相对来说，比较适合宝宝的是棕绷床，因为棕绷床软硬适度并富有一定的弹性，睡眠时既可使宝宝的肌肉得到充分放松，又不会对宝宝的骨骼发育产生不良影响。

②被褥：给宝宝准备的被子厚薄要适宜，宝宝睡觉时不要盖厚厚的大被子，这会让宝宝因受热出汗踢开被子而受凉。要随着季节及时更换被褥，以保持温暖和凉爽。为了防止宝宝踢开被子受凉而感冒，妈妈可将被子接近头部的两个被角各缝一根带子，然后拴在床栏上，这样被子就不容易被宝宝踢掉了。也可以只给宝宝盖住上身及下身的一部分，让宝宝的脚穿上厚袜子露在外面，宝宝就不容易踢到被子了。床单、被套等应以柔软、耐洗、不易褪色的棉布或绒布制作。为了保持清洁卫生，宝宝的被褥每周要晒1次，被套、床单1～2周也应换洗1次。

③枕头：宝宝的枕头的高度要适宜，3厘米左右为佳。宝宝的枕头也不宜太硬，枕头的充填物应以荞麦皮、木棉、芦花等物充填最好，切忌用小米、绿

豆等较硬的东西来充填。同时，宝宝更不能用类似于羽绒等做的枕头，以免堵住宝宝的口鼻造成窒息。

## 睡眠中的常见问题

有的宝宝不喜欢睡觉。12～18个月的宝宝不肯上床睡觉的最主要原因就是"我还没有玩够"，而且要让父母陪着他一起玩。千万不要认为，只要他玩得精疲力竭就可以让他"按时入睡"了，那只能使情况更糟——宝宝越玩越高兴，越不想上床睡觉。所以，对待这样的宝宝，到了睡觉点就要把他放到床上睡觉。当然，让他孤零零地躺在那里等待入睡，那是不可能的，父母可以做些催宝宝入眠的事情。比如给他讲故事，

陪着他睡觉。不管怎么样，把宝宝放到被窝里，就要让宝宝快速入睡。在所有的方法中，能让宝宝快速入睡的最佳方法是父母或父母一方陪宝宝一起睡觉。有人说，那要是成了癖怎么办？其实也不必惊慌。只要不养成宝宝夜里起来玩的毛病，宝宝再长大一点这个问题就自然解决了。但要注意的是，陪着宝宝一起入睡时，父母要装得像一点，如果父母不穿上睡衣，宝宝就可能猜测出等他睡着后，父母会离开，因此宝宝就不肯闭上眼睛入睡了。

宝宝一天到底要睡多长时间？这是一个不是问题的问题，之所以这样说，是因为这没有绝对的答案，但有普遍性的数值是12～18个月的宝宝，一般睡12个小时。对待这个普遍性的数值，父母要懂得延伸，因为每个宝宝都是有差异的，也许你的宝宝要睡14个小时，但别人的宝宝只睡10个小时就足够了。睡得多和睡得少和智力没有关系，没有证据表明睡觉少的宝宝比睡觉多的宝宝聪明。但如果宝宝睡眠时间不足9个小时，就应该向医生咨询。另外，

宝宝总的睡眠时间是指24小时所有睡眠时间的总和，不能只算晚上，不算白天。并且不管一次睡多长时间以及状态的深浅，都应该算在宝宝一天的睡眠时间内。

有的宝宝睡觉不踏实。尽管幼儿缺钙往往会导致睡觉不踏实，但睡觉不踏实并不能说明宝宝缺钙，其实现在的宝宝睡觉不踏实大多数与缺钙无关。导致幼儿睡觉不踏实的原因有很多，比如，白天活动不足或活动过度（睡觉时翻来覆去）、身体不舒服等。对待宝宝睡觉不踏实这个问题，如果宝宝只是偶尔的一两次，父母没有必要担心。如果一连好几天都是如此，应该看医生。

有的宝宝入睡后频繁醒来。这是宝宝缺钙的一种表现，主要是易惊醒，睡觉时出汗多。可以带宝宝去检查一下血钙，不要检查发钙，发钙不能代表目前缺钙情况。

有的宝宝从出生到18个月，从来没有一觉睡到天大亮，总是在半夜醒来，甚至一夜醒几次。对这样的宝宝，父母可能会担心宝宝有睡眠障碍，可以带宝宝去看看医生。如果医生没有查出宝宝有问题，那父母就不要担心了，要坚信自己的宝宝是正常的。

宝宝12个月后，有的宝宝不仅上午不睡觉，到了午后也不睡觉，但是傍晚时候就会吵着要睡觉，连晚饭也顾不上吃了，一觉睡到晚上七八点，甚至还会到九、十点。醒来之后肚子开始咕咕叫了，吵着要吃奶吃饭，可能还会要爸爸妈妈陪着他一起玩，一直折腾到半夜才肯再睡。这对于爸爸妈妈来说是蛮伤脑筋的事情，但是爸爸妈妈也不要太过着急，更不要因为这样伤了夫妻间的和睦，故而把怨气撒到宝宝身上，动手打宝宝。父母应该想办法帮助宝宝改变当前的睡眠习惯，逐步从傍晚睡觉改到午饭后小睡就行了。

## 是否要让宝宝独睡

让宝宝独睡在欧美一些国家比较流行。也有一些育儿书上提出让宝宝独睡，他们认为妈妈或爸爸与宝宝同睡一个被窝时，由于妈妈或爸爸与外界接触

机会较多，身上携带的各种病菌，可能会感染抵抗力弱的宝宝，容易使宝宝患上这样或那样的疾病。并且让宝宝独睡还可以培养宝宝独立生活的能力。其实，事实也并非如此，在农村小孩多的家庭，可能宝宝五六岁了还和父母共睡一个被窝，也没有因此而患这种病、那种病。并且一些研究也表明，从宝宝出生就让其独睡，并不比与妈妈同睡的宝宝有更强的独立性，可能还会使宝宝失去爱心，变得孤独甚至自闭。可见培养宝宝的独立性，并不在于过早让宝宝独睡。

当然，让宝宝独睡也不是没有一点好处，比如父母睡觉爱动，睡觉敏感的宝宝就会因此而多次醒来，影响睡眠，独睡时这种情况就不会发生。对12～18个月的幼儿来说，需不需要让宝宝独睡没有固定的答案，得根据具体情况具体对待。如果你的宝宝现在就能够接受自己独睡，而且睡得很好，就让他独睡好了。如果你的宝宝说什么也不愿意自己独睡，甚至不愿意睡在紧挨爸爸妈妈大床的小床上，而是强烈要求睡在爸爸妈妈中间，就满足宝宝的要求好了。如果怕影响父母睡眠，就可等宝宝睡沉了，再把宝宝抱到一旁或紧临父母大床的小床上。怎么睡并不重要，重要的是要让宝宝很快入睡，并睡得安稳。

## 如何培养宝宝的睡眠习惯

想要宝宝睡眠质量好，首先注意的就是要从小养成宝宝良好的睡眠习惯，按时睡，按时醒，保证宝宝充足的睡眠时间。那么该如何培养宝宝的睡眠习惯呢？我们可以从下面几点做起。

室内要保持安静，冷暖适当，空气新鲜，除冬季开窗换空气外，其他季节可开窗睡眠，因为新鲜空气中含有充足的氧气，可促使宝宝舒适而深沉地熟睡。

白天尽量让宝宝多活动，宝宝玩累了，上床后就容易入睡，而且也能睡得好，睡的时间也长。

睡前不要使宝宝过分紧张或过分兴奋，更不要采用粗暴强制和吓唬的办法让宝宝入睡。床头不放玩具或小毛巾等。

宝宝不易入睡时，可播放悦耳的催眠曲，妈妈轻声哼唱催眠曲更能帮助宝宝入睡。

妈妈尽量不要改变宝宝的睡姿，只要宝宝自己可以睡得舒服，不管他是仰卧、俯卧都没有关系，宝宝睡得舒适就不容易被惊醒，但如果俯卧时间过长可以帮他翻身改变之前的睡姿。

## 宝宝生病的护理

所有的宝宝在生病时都会比平常挑剔和烦躁，因此你必须要有耐心。你要预料到他比平常更稚气，正常情况下他自己能做的事，现在也需要别人帮忙做。照顾生病宝宝很累，所以要见缝插针让自己有短暂休息的时间。

除非医生要求，或者宝宝想躺在床上，否则，可以让宝宝在沙发或扶手椅上休息，这样，他就能靠近你，并且看得见周围发生的事情。宝宝逗留的房间要保持温暖，但不能太热。给宝宝穿轻便的、宽松舒适的衣服。房间空气要流通，但不能有较强的冷气流。

鼓励宝宝多喝水很重要。如果他不愿意，你可以给他喝他喜欢的饮料，并给他彩色的吸管，或用特别的玻璃杯或茶杯。如果你把饮料放进奶瓶给他喝，他会觉得很安慰，尽管他早就不用奶瓶了。

给他少量的易消化的食物。如果吃得很少，不用担心，因为在生病的时候，喝水更重要。

当宝宝开始痊愈但还不能到处跑的时候，需要提供一些娱乐方式，以免他感到沉闷。除了给他读故事和多给他一些玩具以外，你还可以给他提供以下方式。比如，一个录音机和一张录有宝宝喜爱的儿歌和故事的录音带，让宝宝自己选择；安静玩耍的玩具和材料，例如拼图、涂颜色的书和彩色笔、橡皮泥、积木等；洋娃娃和玩具熊，宝宝可以跟它们玩医生和护士的游戏。

很多宝宝在生病的时候都会出现食欲不振的情况，每到这个时候，爸妈就总是担心孩子吃不饱，其实完全没有必要。孩子之所以会出现食欲不振的现象，是因为宝宝在生病的时候，消化道分泌液相对于健康的时候有所减少，胃肠的运动也较为缓慢，因此才会食欲下降。

## 怎么给宝宝喂药

如果宝宝必须吃药，可以把他喜欢的饮料放在旁边，以便去除药味，或者教他捏住鼻子。如果宝宝已经懂事，你应给宝宝解释药会帮助宝宝好起来。如果宝宝讨厌药的味道，你可以用茶匙或药水计量器，把药倒在舌后部，在这个部位，味道不会太重。给宝宝喂药前，你必须要给宝宝解释你要干什么。如果宝宝根本不接受，应去找找这种药有没有其他形状或味道的剂型。

## 滴眼药水或涂眼药膏

把手洗干净，用棉球和温水冲洗宝宝的眼睛。宝宝仰卧，头枕在你的膝上。用你的手臂抱着他的头，手掌扶着他的脸颊，使他的头仰起，用手指和手掌轻轻地分开他的眼睑。如果需要，请另外一个人来扶住宝宝的头。滴入医生嘱咐剂量的眼药水，或把眼药膏挤进宝宝的眼睑，小心不要碰到眼睛。保持这个姿势几分钟，在另一只眼睛重复这些动作。

林女士的宝宝最近生病了，去医院检查之后，医生告诉林女士，需要每天晚上帮宝宝滴药水，来达到消炎的作用。但是，麻烦的事就在这，宝宝死活都不肯，眼看宝宝的病情越来越严重，这让林女士很着急。那么用什么方法才可以帮助林女士呢？

## 带宝宝上医院

如果宝宝需要上医院，你要尽量保持冷静，这点很重要，因为宝宝会感染上你的焦虑，从而变得焦虑和害怕。

可以和宝宝通过玩医生护士的游戏，或读有关医院的故事，尽可能地使宝宝在心理上有所准备。有些医院在接收入院前会安排非正式的家访。

应该告诉宝宝到医院去能使他尽快好起来，简单地给他解释将会发生什么事，用简单但实事求是的态度回答他的所有问题。由于宝宝没有什么时间观念，所以如果你说要上医院，他会以为是马上就去。但接收入院可能会有拖延，所以最好提前一两天告诉他。告诉宝宝他会回来，但不要承诺一个具体的日期。

## 在医院照顾宝宝

尽量在医院陪伴宝宝。如果不可能，尽量在宝宝就寝和起床时，以及在进行一些治疗措施时陪伴他。但是如果某个时间你不一定能陪他，就不要作出承诺。

向护士交代必要的事情，例如，你的宝宝会用特别的词表示大小便，有哪种食物或饮料是他特别喜欢或不喜欢的，他有哪些特别的习惯、日常规律或慰藉的需要（如一个特别的玩具），等等。

在进行某些治疗例如注射时，安慰宝宝，使他平静，并分散他的注意力。如果你知道或怀疑宝宝有什么"不对劲"，要告诉护士。如果你还是不放心，可与医生沟通。

询问是否可以让你参与照顾宝宝，给他喂药或帮他洗澡等。

对宝宝要讲真话，这样他会把握得好一些。如果你告诉他某项治疗不疼，而事实上是疼的，他会感到失望和受骗。


## 婴幼儿用药须知

很多爸爸妈妈，一遇到宝宝感冒发烧、肚子不舒服的时候，就会拿上次还没有吃完，甚至成人吃剩的药给宝宝吃，这种做法是很危险的。

对幼小的宝宝而言，特别是出生不久的婴儿，生理特征与成人迥然不同，疾病的症状表现和对药物的反应也不一样，绝对不能以成人的配药方式来套在他们身上。

有一个简单的例子，成人的药多是颗粒，宝宝的药是粉状的，有些成人的药是糖衣锭，根本不适合磨粉，所以宝宝的用药和成人肯定不一样。

宝宝的肝、肾、肠、胃等器官发育都尚未完全，对药物的反应很敏感，药物的吸收、分布、代谢、排泄也会随着年龄不同而不同，因此在药物的使用上，需要独特的剂量。

例如新生儿胃酸的分泌、胃排空的功能，都要到1岁左右才会成熟，因此口服药的吸收效果比肛门塞剂差；但是宝宝的相对体表面积比较大，所以局部涂抹药膏、乳液的吸收力比较大一些的儿童或成人来得快。

再以药物的排泄为例，大部分的药物是经由肾脏排出，但是1个刚满月的新生儿，肾脏的排泄功能大概只有成人的1/3，24个月左右才会成熟，因此使用药物时，一定要仔细计算剂量，以免药量过重，产生副作用或肾毒性。这也就是医生开药以前，总会问一下宝宝体重多少的原因。

# 什么时间喂药最好

喂宝宝吃药，是许多父母的"恶梦"，要把药物顺利地送进宝宝的胃内，不是一件容易的事，而挑选正确的时间喂药，是一个关键。

大部分的人都有疑问，有些宝宝吃的药要求在饭前喂，那么饭前吃药不是会伤胃吗？

事实上，有些药在饭前喂比较适当，因为食物刚刚吃下，在胃中打转的时候，幽门是紧闭的。所以，饭后喂宝宝吃药的话，药物和食物会一起停留在胃中翻搅，延缓药物进入小肠的时间，吸收就会比较慢，这时如果小孩发烧，吃药后退烧的速度就会比较慢，要等很长时间才会起效，急性子的父母常会按捺不住，认为药无效，立刻又抱宝宝去医院就诊。

通常，解热镇痛剂或抗生素都有时效性，在空腹的时候服用，才能及时地吸收，早点发挥药效。而婴幼儿的用药，大部分都是这一类的药，所以在饭前服用的话，吸收的效果比较好。

大部分药物只有6~8小时的药效，习惯上，给宝宝吃药的方式大多是每天4次，也就是三餐及睡前服用。不过，宝宝通常睡得较早，所以晚餐后吃药，睡觉前又得再吃1次，间隔可能只有2~3小时，药性可能会太强。因此，如果能在三餐饭前吃，睡觉前再吃1次，这样两次喂药的间隔就会比较平均。值得一提的是，如果宝宝发生急性感染或高烧时，为了维持药物在血中的浓度，每6小时吃1次药比较理想。等到退烧后、情况好转时，再改成三餐饭前及睡前吃药。千万不要自行改变用药计划，减少吃药的次数，这样药效就会打折扣。所谓"病从口入"，并不是单指病菌，服用不适当的药，对身体而言，不但没有疗效，反而会损伤身体！有些父母不晓得宝宝对疾病及药物的耐受性不如大人，一旦小孩生病，便会把家里的药先拿来应急一下，或者先到药房自行买药给宝宝吃，常常因此发生药物过量或延误病情的情况，造成一辈子的遗憾。所以，小孩生病了，还是赶紧去医院，经详细检查后，依照处方吃药治疗比较安全，不要嫌麻烦。

可能家长担心饭前服药会伤胃，其实，宝宝的胃黏膜比想象中结实得多，除了少数药物的酸性或碱性特别强以外，大多数的药物都可在饭前服用。

## 怎样喂药才科学

天下没有不苦的药，俗语说"良药苦口"就是这个道理。事实上，古今中外所有治病的药中，味苦的居多。虽然现代制药工业发达，药丸、药粉或药水中添加了芳香剂和糖粉，可以掩盖原来的苦味，的确蛮可口的，宝宝也比较能接受，但毕竟是药，而且有些药再怎么加工还是一样会苦。

对于大多数的宝宝，吃药并不是个问题，再苦的药也能一口吞下去。但是有些宝宝任你怎么劝就是不吃药，好不容易费了九牛二虎的力量灌了药，又吐了出来。这种情形，以24～36个月、正值反抗期的幼童居多。

为了避免灌药，有些妈妈干脆把药加在牛奶中，让宝宝不知不觉中喝下去，以此沾沾自喜。却没想到牛奶与药混在一起，会干扰药物的吸收，使药效大打折扣；而且，因为牛奶的味道往往盖不过药味，所以常常骗不过宝宝，反而使宝宝从此排斥牛奶，得不偿失。

所以，对于大一点的宝宝，可以先好言相劝，摆明道理，用鼓励奖赏的方式喂药。

婴幼儿就比较单纯了，可以把药水或药粉放在空奶瓶中，加点温开水让宝宝喝；也可尝试用奶嘴沾药水或药粉，直接送到宝宝嘴中，或是用你洗净的手指沾药、抹到宝宝的嘴里或舌头上，再用温水或葡萄糖水给他喝。

如果使尽各种招数都失败时，只好来硬的了，准备1只汤匙，压住宝宝的舌根，再将事先准备好的药由小针筒或小药杯倒入，一直等到全部吞下去再放开汤匙。这种强灌的方法，最好是在小孩空腹时使用，否则很容易哇的一声，把刚吃的饭都吐光光。

有很多父母仿佛得了惧药症，认为药有毒性，吃多了身体会虚弱，因此只要宝宝热度稍退、症状缓解，他们就自动把药停掉，医生的吩咐被扔在一边。

常见的例子是急性扁桃体炎，如果是链球菌感染所引起，治疗3天后虽然退烧了，但要真正痊愈却需要10天，中途停药，病菌未完全杀灭，可能会有风湿热的后遗症。所以，药物的服用时间和剂量一定要遵医嘱，彻底治愈，防止并发病的发生。

**小贴士**

在宝宝婴儿期就带他郊游，而1岁多的孩子外出旅行的机会会更多。带宝宝外出，最怕宝宝生病。所以就要带上自己的小药箱，另外，还要在外出之前，查好目的地能够联系上的医院电话。

## 药物的保存方式要正确

很多人习惯把冰箱当药橱，却没想到冰箱却可能是药物的杀手。

因为药怕潮、怕湿，尤其宝宝的药大都是粉状的药包，存放时间本来就不能太久，如果加上冰箱的水汽，很快就会潮解、变质。

一般居家常备的药物，最适当的保存位置是干燥、无日晒、宝宝又拿不到的地方。能放在冰箱中的药物，大概只有药水、肛门塞剂及一般药膏，但是保存时限也不宜过长。

此外，有些父母会把剩药留存下来，以备将来之需，宝宝生的病不可能一直一样，光凭外在表现，有时会错估病情。自估病情，随便先给药有点冒险，除非能确定药的成分和作用(例如单纯退烧等)，否则还是去医院就诊比

较安全。

## 怎样识别药物变质

家庭里一般都常备一些药品，有的是专门买来备用的，有的是上次病愈后剩下的。这些药品大致可分为针剂、片剂、糖浆剂、冲剂、油膏剂、胶丸剂、眼药水、栓剂等，久藏或保管不当都会变质。除过了有效期的药物不能使用外，凡变质的药物也绝不可使用。如何识别药物变质呢？应主要通过药物外观的色泽变化加以鉴别。

### 1. 针剂

瓶上的药名、批号、有效期等标记要保持完整。水针剂有混浊、沉淀和颜色改变的均不可使用。有些药物如肾上腺素油剂本身就有沉淀，或因天冷产生结晶，但通过摇振、升温后沉淀与结晶消失，仍可以使用。粉针剂有结块、粘瓶、变色和有异物的，说明内在质量已发生变化，均不能使用。

### 2. 片剂

没有糖衣的药片，若有斑点、变色、变形或发霉、虫蛀、潮解、有异味，都是变质的反映。外包糖衣的药片，糖衣产生裂痕也说明变质，均不可使用。

### 3. 糖浆、水剂

出现颜色变化，如原来是微黄色或无色的红霉素、磷霉素变成了深黄色或其他颜色，水剂面上浮有异物和碎屑等，均不能服用。抗生素糖浆一般不宜久放。

### 4. 冲剂

以干燥、颗粒均匀、色泽一致、无结块表示正常，轻度受潮或结块尚可服用，发霉和虫蛀的都不能服用。

### 5. 油膏

产生油水分离、变色、发霉、酸败等现象都不宜使用。

## 宝宝的春季护理要点

在春暖花开的季节，带宝宝郊游再好不过了，让宝宝感受一下大自然的美丽景色，看一看刚刚发芽的小草，瞧一瞧刚刚泛绿的树枝，踩一踩松软的大地，呼吸一下新鲜的空气，这不仅是提高宝宝认知能力的方法之一，也是唤起宝宝对大自然的热爱、开发幼儿智力的最好方法。所以，在春季一定要多带宝宝出去走走。千万不要因为有干不完的家务活就把宝宝困在室内。但在扬沙天气或空气质量比较差的日子则不要带宝宝出去。

春季带宝宝外出的时候，要注意南北气候差异。在我国北方地区，几乎每天都会在上午11点到下午两三点刮起干燥的风，并且多少带点尘土，所以，北方的宝宝应尽量避免在这种情况下外出，同时还要给宝宝多补水。我国南方地区，在春季气温就比较高了，所以，带宝宝外出要注意防晒，并且晚春南方雨多，外出时带上一把折叠雨伞也很重要。

春季带宝宝旅游的时候，要注意地域气温的差异。也许你居住的地方春暖花开，但你要到达的地方却比较冷，比如草原、海边。所以给宝宝多准备一些衣服是必要的。就算你要去地方很暖和，多准备些衣服也不会错。因为天气可能会突然变冷，也可能突然转暖，可能是阴雨天气，也可能是扬沙天气。

在春季不仅要多带宝宝外出活动，在日常护理宝宝时，还要讲究"春捂秋冻"。那么，"春捂"怎么捂？首先妈妈们要明白"春捂"中的春是指初春，而不是整个春天。有些妈妈在阳春四月的时候，还在"捂"着宝宝，那就有点过了。另外，需不需要"春捂"，关键还要结合当时的气候。比如有些年份，我国的北方在3月份就很暖和，但有些年份到4月份还很冷，这样后者自然要比前者捂得时间长些。所以，妈妈要根据气温变化给宝宝调整衣物。

151

如何护理小儿感冒呢？要保持居室的安静，空气清新，禁烟，温度恒定，不要太高或是太低，咽喉有病状时更应该注意。这样才能够让患儿早早恢复健康。

## 宝宝的夏季护理要点

护理12~18个月的幼儿，在夏季需要注意以下几点：

①防痱子：12~18个月的幼儿爱动，加上夏季天气热，宝宝出汗多就是情理之中的事情了。出汗后如果没有及时洗澡，宝宝就容易出痱子。防治痱子最好的办法就是勤洗澡，不要让汗液长时间停留在宝宝身上。也可以给宝宝使用痱子水或痱子膏，不提倡使用痱子粉。因为给宝宝使用痱子粉后，宝宝可能没过几分钟又满身是汗，这会使痱子粉受潮，粘在宝宝身上，不仅使宝宝不舒服，还会失去防痱子的作用。

②不要使用纸尿裤或尿布：在夏季，幼儿穿得少，非常有利于学习走路，所以，最好不要给宝宝使用尿布。并且夏季天热，如果长时间给宝宝使用尿布或纸尿裤，还会使宝宝出现臀红，严重的会引发尿布疹。如果宝宝臀部发红，或已经有了尿布疹，可用清水洗后涂上鞣酸软膏，不但可以治疗臀红，还能起到预防尿布疹的作用。

③驱蚊虫：对12~18个月的幼儿来说，可以使用电蚊香驱蚊虫，但要选择通过国家许可、大厂家生产的正规产品。用蚊帐是最安全的，但宝宝可能会把身体贴在蚊帐上。可在床上放置高度约50厘米的防护围，以免蚊子隔着蚊帐咬宝宝。

④防中暑：预防宝宝中暑的有效方法是多给宝宝饮水，不要让宝宝在

太阳下玩太长时间。夏季水分蒸发多，也要注意给宝宝补水。每天最好喝150～200毫升的白开水。如果你的宝宝不爱喝水，让宝宝的手不离水瓶是不错的方法。

⑤防晒伤：夏季带宝宝外出，一定要注意预防宝宝被晒伤。打伞、戴遮阳帽、涂防晒霜都是不错的办法。

⑥少给宝宝吃冷饮：在夏季，冷饮是宝宝喜欢的食物，可以给宝宝吃，但要注意量。宝宝多吃冷饮对牙齿发育不好，对宝宝的胃肠也不好。并且冷饮中含有糖、色素、糖精、添加剂等对宝宝健康无益的成分。

⑦注意卫生：夏季容易患细菌性肠炎，要注意宝宝的饮食卫生，不吃隔夜饭，不喝隔夜水。生吃瓜果梨桃时，应该在洗净后，再用清水浸泡一段时间，让残留的农药和洗涤剂充分溶解在水中并用清水洗干净。

⑧防皮肤感染：正在学习走路的宝宝，夏天衣服穿得少，擦伤是不可避免的。宝宝擦伤后，不能直接在擦伤的地方涂药水，必须用消毒水消毒，把伤口上的尘土和沙粒清理干净后再涂药水。在给宝宝洗澡的时候，注意不要把宝宝的伤口弄湿了，否则可能会引起伤口感染化脓。

⑨接种乙脑疫苗：乙脑疫苗一定要在夏季来临时接种，而且要复种。如果因为某些原因，你的宝宝没有及时接种乙脑疫苗，要及时与防疫机构取得联系，进行补种。

## 宝宝的秋季护理要点

对于幼儿来说，秋季是黄金时节，宝宝较少生病，父母可充分利用这段时间给宝宝补充营养，带宝宝到户外活动，让宝宝领略秋天的风光。带宝宝外出的时候，要注意气温的变化，适时调整宝宝的穿戴。当妈妈感觉热的时候，要在宝宝还没有出汗前把外衣脱掉。到了午后，应及时给宝宝加上衣服，但也不要把宝宝捂得太严实，标准是以妈妈安静地坐下来不觉得冷时穿的衣服量为准。

在秋季讲究"秋冻"，但不等于要宝宝处于寒冷状态，所以"秋冻"也要适度。天气变冷，要适时给宝宝添加衣服。不要让宝宝受凉咳嗽，尤其是到了深秋。否则，宝宝可能会咳嗽一个冬天。

在秋季，北方比较干燥，要想着给宝宝补充水分。

秋末冬初，宝宝可能会患秋季腹泻。一旦发现周围有腹泻的宝宝就要警惕，使自己的宝宝远离患病人群。

## 宝宝的冬季护理要点

冬季正处于幼儿呼吸道感染发病最严重的季节，尤其是12个月左右的幼儿处在爱生病的年龄。有些宝宝不知怎么的就着凉感冒，整个冬天都是病恹恹的，这不仅影响宝宝的身心健康，也让家长处于紧张焦急的状态。

引起感冒的病原体主要是病毒，病毒的种类很多，而且十分容易发生变异。所以，宝宝对感冒一般没有免疫力。如果原本宝宝的体质和抵抗力就弱，反复发生感冒的可能性就更大。宝宝患了病毒性感冒之后，一般不需要服抗生素，只要加强护理，适当休息，多喝开水，给予易消化的饮食，很快就能恢复健康。

感冒本身是一种常见病，但它的并发症可能会很严重，甚至致命，这多半是因为合并了细菌性感染。这时宝宝病情较重，可并发化脓性扁桃体炎、支气管炎和肺炎，表现为高热不退、呼吸急促、咳浓痰等，这时医生往往给宝宝服用抗生素。抗生素可以通过杀灭或抑制细菌生长而起到抗感染作用。

为了充分发挥抗生素的作用，家长必须严格按医嘱给宝宝服药。在宝宝服药后，症状开始减轻或消除，但这时体内的致病菌很可能仍然存在，如果停药，很可能导致感染继发，甚至引起更严重的并发症。遗憾的是，有的家长一看宝宝病轻了，就自行停药，这是错误的做法。

治疗感冒合并细菌性感染，一般需应用足量抗生素7~10天，而且每天要服药2~4次，这给家长带来不便，也是宝宝很难坚持到疗程结束的一个主要原因。

宝宝患感冒后治疗护理很重要，不过如果宝宝不患感冒，或者很少患感冒，岂不是更好？所以，预防就显得更重要了。如何预防？父母要注意以下几点：

①不要让宝宝处在冷热不均的环境中。在冬季，父母所犯的通病是不断给宝宝加衣服，生怕宝宝受凉，结果宝宝整天汗津津的。父母要知道，冬季宝宝出汗可不同于夏天，夏季整体环境温度高，自然容易出汗。冬季宝宝出汗是人为的，是因为宝宝穿得多或局部环境温度高。宝宝处于冷热不均的环境中，哪有不易感冒之理？所以，父母应该让宝宝处于温度相对恒定的环境中，不要让室内外温差太大，不要把宝宝捂得满身是汗。耐寒锻炼是提高宝宝呼吸道抵御能力的有效方法。

②补水。冬季气候干燥，保持室内湿度也是预防宝宝感冒的有效措施，建议室内湿度在50%左右。

③遗传因素。如果亲人中存在呼吸道疾病病史，那么这样的幼儿，不管妈妈多么用心，怎么护理，因为宝宝的体质弱，都容易患感冒。这时候，妈妈要做的就是找出预防的可行性方法，尽可能让幼儿少患感冒。这种呼吸道疾病一般在宝宝幼年的时候发病率会高一些，随着宝宝的不断成长，抵抗疾病的能力会明显增强。

# 适合宝宝的益智游戏

## 1. 给宝宝按摩

平时多给宝宝一些抚摸、亲昵，可以促进宝宝心理健康发展，同时可以加深母子感情。比如在两次喂奶之间清醒时或换尿布时，妈妈用双手轻轻地从上到下按摩宝宝的双臂或双腿4～5次，还可以用手掌掌面按顺时针方向按摩宝宝的腹部6～8次。

此游戏可促进宝宝躯体的血液循环，并使宝宝在妈妈温柔的抚摸下产生舒适、愉快的感觉，发展触觉。该锻炼可于宝宝出生1周后开始进行，操作时妈妈动作要轻柔。同时注意避免使宝宝受凉。

### 2. 看亮光

用一块红布蒙住手电筒的前端，开亮手电筒。将手电筒置于距宝宝双眼约30厘米处，沿水平和前后方向慢慢移动几次，吸引宝宝注视灯光。这个游戏可于宝宝出生半个月后开始进行，最好隔天进行1次，每次1分钟左右。游戏前，妈妈先要找出1个手电筒和1面小镜子，然后，游戏开始。

（1）打开手电筒，把房间的灯关掉；

（2）让宝宝别害怕，说"我们一起找小星星"；

（3）让宝宝找手电筒的光影(即星星)，这时妈妈可晃动手电筒；

（4）或打开一盏灯，用镜子反射光影，让宝宝找光影，用手抓光影。

这个游戏的目的是提高宝宝的视觉追视能力，观察光与影的关系。

### 3. 对宝宝说话

在宝宝醒着的时候，妈妈用缓慢、柔和的语调对他（她）说，如"好宝宝，你醒啦？""宝宝，我是妈妈，妈妈喜欢你"等，可以告诉宝宝各种实物的名称或妈妈正在做什么，也可以给宝宝朗读简短的儿歌、哼唱旋律优美的歌曲。

这个游戏主要的目的是训练听觉，促进母子之间的情感交流，而且还能让宝宝尽早积累词汇。妈妈应注意尽可能用标准的普通话对宝宝说话。

### 4. 做"藏猫儿"游戏

用毛巾把你的脸蒙上，俯在宝宝面前，然后让他把你脸上的毛巾拉下来，并笑着对他学猫叫："喵喵……"玩过几次之后，宝宝也会把脸藏在衣被内同大人做"藏猫儿"游戏。

让宝宝喜欢注视你的脸，玩时有意识地给予不同的面部表情，如哭、怒等，训练小儿分辨面部表情，使他对不同表情有不同反应。

### 5. 穿隧道游戏

做游戏时先要准备1个大纸板箱，然后开始游戏。

（1）把大纸板箱的两头拆开，放在地上；

（2）把小宝宝放在大纸板箱的一头，妈妈站在大纸板箱的另一头；

（3）逗引宝宝穿过大纸板箱，抓住妈妈，妈妈一边拍手，一边鼓励："快快快，快到妈妈身边来。"

这个游戏的目的是通过提高宝宝的爬行能力，促进其感觉运动的发展。

### 6. 会跳舞的纸

妈妈将不同质地的纸放到宝宝眼前，让他随意抓握、摆弄，然后观察宝宝的反应、动作表现，有的宝宝会一手抓握，有的宝宝会撕拉着纸。撕拉时的响声会使宝宝感到很有趣，可激起他反复撕拉的欲望。这时，家长可将撕下的纸片竖立在桌面上，让它们像"跳舞的纸娃娃"一样随意摆动、摇晃，妈妈这时肯定有兴致为宝宝哼上一曲。

在这个游戏中可引导宝宝双手做协调动作，加强宝宝视觉的注视和听觉能力的训练。

### 7. 转移积木

游戏时准备1块积木，爸爸妈妈和宝宝围坐一圈，积木放在中间。妈妈左手拿1块积木，然后把积木放到右手，爸爸正好在妈妈的右边，妈妈右手的积木就转移到了爸爸的左手中。爸爸也照样子把积木从左手放到右手，再传给宝宝。宝宝接过积木，从左手转移到右手，再把积木交给妈妈。如果宝宝做得完全正确，妈妈可以奖励宝宝一个甜甜的吻。

这个游戏可以练习宝宝两只小手之间的配合。爸爸妈妈和宝宝一起玩，说不定，宝宝会被逗得非常开心呢！

### 8. 坐起来

当宝宝躺在床上时，妈妈用两只手分别抓住宝宝的两只手。妈妈一边说："一二三，坐起来!"一边把宝宝的身体拉起来，让宝宝坐直。然后，再慢慢把宝宝放回床上，重复前面的动作。

注意一开始动作幅度不要太大，这个游戏可以帮助宝宝找到在坐位时保持平衡的感觉。

### 9. 翻身、学小狗

宝宝仰卧，家长手持带响玩具放于宝宝左方，逗引宝宝从仰卧位翻向俯卧位。同时，鼓励宝宝说："宝宝翻身啦，好! 再翻一下。"

这样的鼓励可以训练宝宝的听觉并激发愉快的情绪。

家长还可用软球、小爬虫等玩具，逗引宝宝向前蹬爬。让宝宝两肘支撑前身，双膝跪下，家长用双手抵住宝宝脚底，将其左右脚轮流向前推动，使宝宝依靠推力，左右两手、两脚轮流向前移动。

这个游戏的目的是让宝宝学习抬头、挺胸、翻身等动作。

### 10. 亲切的沟通

接近2个月的时候，宝宝开始有意识地笑，而且会非常有兴致地与大人咿咿呀呀地"对话"。为了培养他的语言能力，我们要时时刻刻地试着与宝宝沟通，不要担心宝宝不会明白你说的话，宝宝会喜欢听到你说出的不同声音，也会渐渐听懂你的话。

### 11. 赤身的运动

宝宝接近3个月的时候，开始喜欢脱光衣服的感觉，这样会使宝宝觉得自由自在。这是宝宝自我意识的起步。这时，就把宝宝脱光衣服放在被子上让他去"手舞足蹈"好了。

### 12. 手拉手

宝宝5个月时，会尝试着伸开双臂，注视着自己的小手，会很有兴趣地用手握东西或是把手放进嘴里。你可以在宝宝的床上方吊一些小玩意儿，让宝宝试着用手去拿。或是拉着宝宝的手一上一下地摆动，和宝宝玩手拉手的游戏。

### 13. 照镜子

家长可抱着宝宝坐在镜子前，鼓励宝宝指出镜中的爸爸、妈妈和宝宝，告诉他说："我是宝宝的爸爸，我是宝宝的妈妈……"家长可边摸自己的脸部边讲述自己的五官，也可边摸宝宝的脸部边讲述宝宝的五官，更可让宝宝抚摸家长的五官。家长讲述五官的名称，家长可要求宝宝指认出家长和自己的五官。

在游戏中，家长应根据宝宝的兴趣、需要和能力加以引导，为了使宝宝感知、熟悉自己和父母的五官，可在镜子前引导宝宝看镜子中的宝宝和父母，还可在五官上贴上粘纸，由宝宝来抚摸。

这个游戏的目的是激起宝宝对主要照看者产生兴趣，以促进亲子情感和提高宝宝的认识能力。

### 14. 追球球

6个月大的宝宝的小手能够握东西了。妈妈可以准备1个色彩鲜艳的小球，玩追球的游戏。妈妈把球扔在宝宝看得到的地方，然后再和宝宝一起去把球追回来。不管宝宝是爬着追球，还是连滚带爬，妈妈都不要帮忙。妈妈还要在一边装出追球的样子，和宝宝比赛，鼓励宝宝追球。

宝宝在和别的同龄宝宝在一起时，玩这个游戏他会玩得非常开心，既能在玩的当中"交朋友"，又锻炼了宝宝的社交能力，何乐而不为呢？

## 感观训练需谨慎

婴儿出生后几小时视力开始发挥其正常作用时，便开始了对周围环境的观察。但这时宝宝的观察力仅仅局限于视力，还不能把看到的东西进行综合、判断和分析。观察是一种有目的、有计划、持久的知觉活动，在宝宝24个月的时候，就开始具备真正的观察能力。随着年龄的增长和知识的增加，这种能力逐步提高。培养宝宝的观察力是促进其智力发育的重要方法之一，通过观察周围的事物、现象，能认识事物的特征，发现事物内在的联系与规律。

### 1. 有意识地引导宝宝进行观察

这个阶段宝宝的精力一般不容易集中，对所观察到的内容不能进行系统的归纳和抽象，所以有时不能观察到事物的突出特点，也不全面，更不能深入。家长可利用大自然中的各种物体或现象，对宝宝提出明确的观察目的、内容和要求，让宝宝围绕着这些问题进行观察，常可以获得满意的效果。

看着自己的宝宝一天天长大，陈玉的心里也很高兴。为了让自己的宝宝更聪明，陈玉特意从商店里买了几本小儿书，教孩子阅读。每一次，陈玉都特别认真，比如：当陈玉看到小猫的卡片时，就会这样问宝宝：这只猫的毛是什么颜色？尾巴有多长？叫声有什么特点？猫的眼睛是什么颜色？猫有没有胡子等等。宝宝也听得聚精会神，好像很喜欢陈玉的这种教学方法呢。

这样宝宝可以逐渐学会观察事物的方法，即不但要全面观察，而且还要抓住其突出特点。

### 2. 让宝宝对两种不同的事物进行比较

通过细致全面的观察，可发现两种事物相同点和不同点，从而提高宝宝的观察力。

宝宝的好奇心和求知欲强，对于各种事物总想弄个清楚，看个明白，对于宝宝的提问，家长可以启发宝宝自己进行观察，找到正确的答案后，便予以肯定和表扬，从而激发宝宝观察事物的兴趣。

### 3. 引导宝宝注意观察的深度

由于宝宝的基础知识比较薄弱，只能观察事物的表面现象，家长应当帮助他们发现一些规律性的东西，并给予讲解。如在宝宝观察猫的时候，家长可以给宝宝讲一讲猫有什么特点，猫的瞳孔伸缩范围比较大，在白天光线强的时候，瞳孔可以缩小成一条线，而到了晚上瞳孔则变得又圆又大，所以猫在夜里也能抓到老鼠。

## 智力开发需用情

学说话的兴趣，几乎是每个宝宝与生俱来的。父母要做的是通过扮演语言游戏的好玩伴来强化宝宝的兴趣。父母轻松自在地说话和应答，是宝宝语言发展不可或缺的外部条件。

对宝宝清晰而准确地说话，是你提供给宝宝语言学习最重要的帮助。先吸收，后模仿，是宝宝学说话的特点。婴儿的喃喃自语是语言发展的基础。妈妈要把宝宝发出的"嗯呀"声当成宝宝所说的话，认真地听，及时回应。

宝宝嗯嗯呀呀的说话，妈妈要及时回应："宝宝在说什么呀？噢，宝宝高兴！"妈妈兴奋的态度，抑扬顿挫的语调，是对宝宝最好的鼓励，会使宝宝更加起劲地发音，更乐意与人沟通。

宝宝哭的时候，你可以轻轻拍打宝宝的小嘴巴，发出"呜哇呜哇"的声音，引起宝宝的注意后，再拉着宝宝的手拍打妈妈的嘴巴，发出更加响的"呜哇"声，既让宝宝破涕为笑，还能帮助宝宝练习发声哩！

洗澡或者换尿布的时候，可以挠一挠宝宝的小肚子、小脚心和小脖子，说"咯吱咯吱"。妈妈的笑脸和挠痒痒，一定会把宝宝逗得咯咯笑！

当婴儿想传达他们内心的情感时，会开始学习说话，宝宝想要开口说话时常常会用手指东西，口中不断地发出"啊啊"的声音，似乎要告诉妈妈什么事情，这就是开始说话的前兆。这时候，妈妈也要用手指着东西告诉他："这是狗，这是小猫。"当宝宝伸手指东西或用肢体语言想要表达什么时，妈妈一定要听他说话并告诉他那是什么。

在游戏的地方、生活的地方，大人们如果了解婴儿的意思、肯花时间跟他说话，将对以后宝宝与大人的沟通很有帮助。

未满12个月的宝宝好像什么都不会说，他可是什么都听在心里。千万不要低估了宝宝的能力。尽早让你的宝宝记住你的声音，这样，妈妈和宝宝的亲情就会更加深厚。这是宝宝语言发展的基础。

给宝宝喂奶的时候，用你的双眼看着宝宝的眼睛，同时温柔地和宝宝说话："噢，宝宝饿了，好吃吗？多吃一点！"宝宝吃奶时听到妈妈发出的声音，这是一种愉快的刺激，他自然而然就会喜欢上妈妈的声音。千万不能因为宝宝还不会说话，看上去缺乏相互的交流，就紧闭你的嘴。换尿布或者任何和宝宝在一起的时候都可以做类似的游戏。

虽然看上去你的宝宝能听懂不少话，但是妈妈一定要明白，宝宝能理解的语言内容主要限于他的实际经验。这个时候，宝宝无法对超出他实际经验的事作出结论。当你向宝宝说明"为什么"和"如何"的时候，他似乎听得很专注，其实他注意的是你，而不是你说的内容，因为他感兴趣的是妈妈。

如何在游戏中帮助宝宝开口说话？

## 1. 让宝宝知道他的名字

走近宝宝身边的时候，你要养成边走边叫宝宝名字的习惯，这有利于宝宝自我意识的萌芽，促使宝宝将自己的意志传达给别人，发展语言。

宝宝记住了你的声音，而且这个声音又是与他的身心愉快联系在一起的，宝宝就会特别留意妈妈的声音。当宝宝听到妈妈的声音，看见妈妈的脸，最后被妈妈抱起来时，这会让宝宝高兴和兴奋。同时，他还练习了听和看。

经常叫宝宝的名字，有利于宝宝发展自我意识，帮助他尽早知道自己和别人的不同，这可以促进宝宝将自己的意志传达给别人，发展自己的语言。

妈妈喊宝宝时，可以变化声音的高低、距离的远近。有时候，宝宝会兴奋得手舞足蹈。

## 2. 看—听—摸—认

让宝宝看到、摸到具体的实物，而且听到与之对应的发音，看到大人的口形，最终认识实物。

5~8个月的宝宝说话能力就开始渐渐萌生，你得尽量让宝宝多多认识和体验身边的事物。选择冬天没风、夏天清晨与傍晚的时候，尽量每天都带宝宝外出散步。小鸟歌唱，小猫洗脸，小狗打架，大哥哥踢球，小姐姐跳绳，宝宝都会感兴趣；花草香香，树叶沙沙，风儿呼呼，汽车嘀嘀，妈妈都应该一一介绍给宝宝。

不能外出的时候，妈妈就带着宝宝在家里散步吧！看看亮亮的电灯，摸摸玩具小熊的绒毛，照照镜子，听听小钟的滴答滴答声……千万别忘了，你得不断和宝宝说话。

## 3. 认识人体器官

认识人体器官，强化宝宝的自我意识，也能帮助宝宝尽早开口说话。

宝宝的表情越来越丰富，他开始关心起周围的人。他喜欢和别人沟通，喜欢别人逗他。他最最喜欢的还是妈妈，妈妈可以拉着宝宝的手，让他的小手摸摸你的鼻子，摸摸你的嘴巴，告诉他："这是妈妈的鼻子，这是妈妈的嘴巴"，最后还可以把宝宝的双手贴在你的脸上，抚摸和拍拍你的脸。宝宝会很高兴。

你们还可以玩"宝宝的鼻子、眼睛在哪里"、"娃娃的鼻子、眼睛在哪里"的游戏。

## 4. 训练宝宝的声音辨别能力

听力不仅是宝宝开口说话的必要条件，还能培养宝宝的注意力。宝宝一出

生，就会用他的视觉、听觉、触觉和嗅觉来认识这个世界。听力的刺激对宝宝的智力发育尤为重要。听力不仅能培养宝宝的说话能力，还能培养宝宝的注意力。你别看宝宝好像什么都不会说，他可是什么都听在心里。父母应该重视训练宝宝对声音的辨别能力。

妈妈可以录下各种各样的声音，譬如马路上的汽车声，邻居小猫的喵喵声。家里大人发出的各种声音也十分有趣：爸爸的说话声、妈妈的歌声，刷牙声、翻书声、洗碗声，还有炒菜声等。

选择安静的时候，和宝宝一起听这些声音是一件很有趣的事情："咦，什么声音啊？哦，汽车喇叭'嘀嘀嘀'。""咦，什么声音在响，哦，是宝宝打喷嚏！"

妈妈口齿清楚、自问自答说给宝宝听，最好把"嘀嘀"、"喵喵"、"啊嚏"等象声词留给宝宝说。和宝宝一起看电视也是一个不错的办法。

### 5. 如何逗宝宝开心

逗宝宝开心，逗宝宝发笑，愉快的情绪能使宝宝的智力和语言能力得到良好的发展。

妈妈一手抱宝宝，另一手拿着玩具娃娃，假扮娃娃快乐的声音跟宝宝说话："乖乖，你好，我是兔宝宝！"宝宝喜欢会动的东西，你可以把娃娃在宝宝的眼前来回地移动，做动作：一会儿把娃娃放到宝宝的肚子上挠痒痒，一会儿在他的腿上和手上磨蹭，一边晃动，一边说话，逗宝宝开心，逗宝宝发笑。愉快的情绪，能使宝宝的智力和语言能力得到良好的发展。

### 6. 如何教宝宝看图说话

看图说话可以帮助宝宝增加词汇以及对语言句型的熟悉和理解，认识事物。

宝宝现在看图画书不是为了书中的故事，而是书上的图片，不妨把图画书的一页当成一幅图来看。一幅清晰的汽车广告照片或者一张小猫咪的日历画也很适合你的宝宝。

应该尽量选择家庭日常用品和宝宝熟悉物品的图片，它们更容易让宝宝感兴趣。

妈妈最好指着汽车告诉宝宝："看，小汽车！"或者指着图片，让宝宝找找家里有没有相同的东西，例如钟、电视机、杯子等。有时候，宝宝还会指着图片希望妈妈告诉他答案！

学习语言是为了交流，与人交往带来的愉悦，又能促进宝宝发展良好的情感，发展语言。这个时候的宝宝虽然还不会和小朋友一起玩，但他对朋友十分感兴趣，尤其喜欢看小朋友玩。妈妈要经常带宝宝到公园、小区去蹓达散步，和小朋友交往。

**小贴士**

如何开发喜欢的游戏？开始时可以随便给孩子玩一点玩具，看他对哪一种玩具或是运动表现出更多的兴趣，然后再开发他喜欢的游戏。总之，要在宝宝感兴趣的基础上开发智力游戏，因为只有宝宝感兴趣，他才会认真去做。

# 其他能力的发展训练

## 1. 独立性

对培养宝宝的独立性，许多家长感到无从着手。其实，培养宝宝的独立性，首先要培养宝宝独立思考。在平时父母应注意提供一些机会给宝宝自己去思考，去感觉：什么对，什么错，什么应该做，什么不应该做……

说起来也很简单：一个人的冷暖，必须由自己去"感觉"。如果一个人的冷暖凉热都要父母来"操心"，这个人的生存能力一定很差。

有部日本电影纪录片，讲的是狐狸的故事，其中有一幕让人难以忘怀：一群小狐狸长大以后，狐狸妈妈开始"逼"它们离开家。曾经很护子的狐狸妈妈此时像发了疯似的，就是不让小狐狸们进家，又咬又追，非要把小狐狸们一个个都从家里赶走，最后小狐狸们只好夹着尾巴落荒而逃。

据调查，目前我国儿童，特别是城市里的宝宝独立性较差，究其源头，原因在父母！前苏联教育学家马卡连柯说过："一切都让给宝宝，为宝宝牺牲一切，甚至自己的幸福，这恰恰是父母送给宝宝最可怕的礼物。"要知道过分的呵护往往会演变成压制与禁锢，束缚宝宝的情感，阻碍心智的成长，让脆弱、胆怯与依赖在宝宝幼小的心灵中生根发芽。父母的庇护越多，宝宝的独立性越差，生存能力就越弱。狐狸妈妈早就想通了这一层，那么我们人类呢？做父母的有时真需要反省一下。那么，应该怎么做呢？

（1）尊重宝宝的情感

不要觉得宝宝小什么都不懂，对他们采取什么态度都无所谓。其实，宝宝早在两三岁就具有丰富的情感，而且具备宝宝特有的喜怒哀乐，父母对此不能漠不关心，不以为然，更不能用讽刺、否定的态度来打击宝宝。应该怀着理解、同情的态度，尊重和爱护宝宝幼小的心灵，这样才有利于宝宝发展独立的个性、塑造完整的人格。

（2）创造机会

多创造机会，让宝宝适应环境，并发展与他人交往的能力，这也是衡量宝宝独立性的重要标准。父母应从小鼓励宝宝与外界接触，见识各种各样的人和事物；遇到困难，鼓励宝宝自己去解决，有时适当的挫折有助于宝宝形成独立、坚韧的性格。而父母过多干预、怕宝宝受委屈，将他们封闭在家庭的小圈子里，只能造成宝宝性格上的胆怯和依赖。

（3）培养宝宝的独立生活能力

这是独立性的最基本内容。从小、从最基本的生活技能做起，凡是宝宝力所能及的，父母一定不要包办代替。给他机会，让他学着照料自己、安排自己的生活。

（4）培养宝宝独立学习的能力

这也是宝宝独立性不可或缺的环节。宝宝好奇、求知的欲望与生俱来，父母应当启发，引导宝宝大胆探索、独立学习、自主思考，让宝宝在丰富的体验、主动的思考和积极的实践中感受到乐趣，而不是简单地给他们一个答案。

**小贴士**

感受性强的宝宝会在爸妈彻底明白自己的意图之前反复主张自己的想法，这就说明了宝宝有坚强、倔强的意志，而这种意志以后将会帮助他们在社会生活中充分发挥自己的个性，直至走向成功。

## 2. 认知能力

12~18个月的幼儿大约能够认出15种以上的常见物品，并能说出名称。在幼儿看不到这些物品时，脑子里也会想象出物品的模样。例如，当问"宝宝的饭碗在哪里"时，宝宝会拉着大人到厨房寻找，找到后指给大人看。这说明宝宝的认知能力已经开始由表象到抽象发展了。

宝宝的认知能力是慢慢积攒起来的。父母可以通过带宝宝到户外活动，来提高宝宝的认知能力。带宝宝外出时，一定要边看边说。也可以通过和宝宝做"猜一猜"的游戏，来提高宝宝的认知能力。把2块积木放在宝宝面前，拿走1块，放在宝宝看不见的地方，让宝宝猜一猜，被拿走的积木去哪里了？怎么只有1块积木了？如果宝

宝对这个游戏不是很感兴趣，说明宝宝已经知道为什么了，需要换更加复杂的游戏。

### 3. 社交能力

12～18个月的幼儿，很喜欢和别的宝宝一起玩耍并争抢玩具，很难与其他宝宝合作进行游戏。所以，幼儿之间的玩耍不具有真正的社交意义。

在和比自己大的幼儿一起玩耍时，宝宝会积极参与，模仿他们做一些事情，还会把玩具或其他东西给他们玩，但是如果他们拿走宝宝给的东西时，宝宝就会感到吃惊并拒绝。

幼儿是不懂得分享的，总喜欢以自己为中心。所以，经常会见到宝宝在游戏中争抢、打架并哭泣。当邀请同龄宝宝到家里来玩耍时，怎样才能使他们少发生一些争抢呢？准备足够的玩具，并随时准备调解是不错的办法。

在宝宝和其他一些小朋友玩耍时，如果父母提前告诉宝宝把玩具给别的宝宝玩时，也许宝宝会同意。如果宝宝不同意，其他的宝宝硬要摸他的玩具，宝宝会采取反抗措施，推开他们。此时，父母一方面要安慰那些想得到玩具的宝宝，另一方面要告诉宝宝："把玩具给他玩一会儿好吗？"但是父母要向宝宝保证："他们只是玩玩，不会拿走的。"这样做能够让宝宝认识到对别人要忍让，不能太自私。这对幼儿的心理发育是很重要的，学会与人分享，是人际关系良好的开端。

由于本阶段的幼儿都是以自我为中心的，不会想到自己的行为能给别人带来怎样的后果，所以，无论何时宝宝与同伴在一起，父母都要留心，以免宝宝伤到其他的宝宝，或者被其他的宝宝伤到。在看到发生身体攻击行为时，要快速地把宝宝拉回来，告诉他"不要打人"、"这样做是不对的。"

### 4. 自我意识

自我意识是人类特有的意识，是人对自己的认识以及对自己与周围事物的关系的认识，它的发生和发展是一个复杂的过程。自我意识不是天生就已具备的，而是在后天学习和生活实践中逐步形成的。

婴儿早期还没有这种意识，没有"自己"这个概念，没有认识到自己身体的存在，所以他们会吃手、抱着脚啃、把自己的脚当玩具玩。以后随着认识能力的发展，逐渐知道了手和脚是自己身体的一部分。

到了12个月以后，宝宝有了自我意识。他能说出自己的名字，与此同时他能认出自己在镜子中的样子，并开始表现出对自己更大的兴趣。这是幼儿最初级的自我意识表现。

为了让宝宝到24个月时能够完全把自己当成一个主体来认识，父母在平时要多和宝宝做"踢球"之类的游戏，让宝宝认识到自己身体的功能。

## 5. 模仿能力

初学走路的宝宝模仿力极强，也特别喜欢模仿。他们会学妈妈的咳嗽声、某个动作、说话的内容和表情，等等。也正因为如此，所以，父母在家里做任何事情，宝宝都会热情地参与。无论你是读报纸、扫地、整理草地或者做饭，宝宝都要"帮忙"。虽然同他一起做只会浪费时间，但你要尽可能地和他一起做，让他参与。如果你做的事情有危险不能让他参与，或者你很忙，就另外找个他可以做的"零活"，但绝对不要打击他帮忙的积极性。帮忙与分享一样，是一种重要的社交技能，他学会的速度越快，生活也会越愉快。

**小贴士**

幼儿的情绪总是摇摆不定，一会儿一变，或者在几天内非常成熟而独立的，突然间情绪就会变得异常激动，耍脾气，摔东西，父母对此束手无策，经常为宝宝提心吊胆，其实这些情绪化的变动是这个时期的宝宝正常的表现。

# 宝宝还不会走路怎么办

郑爱看着别人家同龄的宝宝周岁后就已经会走了，而自己的宝宝到了14个月还是不会走，作为妈妈的郑爱心里十分着急，又担心是不是宝宝得了什么病。焦虑万分的郑爱和丈夫一起带着宝宝去医院做了一个全面检查，检查结果显示，宝宝一切正常，没有什么异样。郑爱这才放心。

走路，每一个宝宝的情况都存在差异，一些宝宝身体发育比较好，再加上锻炼训练的时间早一些，在9~10个月的时候就可以独立行走了。然而，有些孩子属于早产儿，体重较轻，再加上发育不好，所以走路时就显得略微迟缓。还有的宝宝因为被保护过多，缺乏必要的锻炼，或者是因为冬季穿衣太多，活像一个大肉球，难免存在行动不便的问题，这些情况都会引起走路迟缓。

当然，宝宝尽早地学会走路是最好不过了。因为走路不但可以促进骨骼成长，还可以锻炼肌肉，而且四处行走，既可以增长见识，又能够开发智力。在学习走路的过程中可以锻炼宝宝的意志力，对形成孩子良好的性格至关重要。

那么，父母应该怎样培养孩子走路呢？其实，孩子学走路的基础是在1岁之前打下的。宝宝在3个月的时候，就开始学习抬头、颈曲等动作，可以有效地锻炼颈部肌肉的力量。6个月的时候学会用双手支撑，锻炼了臂部肌肉，学会坐的同时，还出现了胸曲等动作。7~9个月的时候学会爬行，从而有效地锻炼了腹部肌肉的力量。宝宝到了12个月的时候，会扶走或独走，增强了腿部肌肉的力量。这一系列的动作可以有效地锻炼孩子腿部、臂部的力量，锻炼身体的平衡力，对于孩子学习走路有很大的帮助。所以，想要孩子孩子尽早学会走路，就要及时地进行以上训练。

## 为什么宝宝不会说话

看到其他同龄的宝宝或更小一点的宝宝在15个月时都能说话了，而自己的宝宝还连"嗯嗯"、"不不"也不会说，妈妈就开始担心起来，首先怀疑宝宝是不是智力发育迟缓。但实际上，说话早的宝宝不一定比说话晚的宝宝聪明。

对不能说话的宝宝，最重要的是看他能不能听到，可以采用"叫他的名字，看宝宝是否回头"的方法来监测。如果宝宝会回头，证明能听到。耳朵听得见，与其他同龄宝宝的动作也没什么两样的话，就没必要担心智力问题。一般来说，智力发育迟缓的宝宝，不单单只在语言方面有表现，在行动方面也会比较迟钝。

24个月的时候，宝宝还是不会说话，那就要注意了。应及时去医院检查，看看是否是遗传因素造成的，或者是其他问题造成的，比如舌下系带一直连到舌尖，嘴张不开。系带过长的话，简单的手术就可以治好。

## 宝宝不吃饭

真正不吃饭的宝宝非常少，大多数情况是宝宝进食不能达到妈妈心中理想的饭量。对待这种宝宝"不吃饭"的现象，妈妈需要了解清楚宝宝吃多少才是适量的问题。如果宝宝每天只能吃半碗饭，但体重能够保持平均每天增长5克，那这就是宝宝的合适饭量。但在天气热的时候，宝宝可能吃不下饭，所以体重会减轻。食量小的宝宝，在婴儿期就不能喝完一瓶奶，进入幼儿期饭量小也是很正常的。有些宝宝，平时很喜欢吃饭，但在某一天，突然不爱吃饭了，情绪也不好。爸爸妈妈要考虑到宝宝是不是患了口腔炎。如果宝宝口臭又流口水的话，那十有八九是患了口腔炎。此时宝宝不吃饭就不要强迫，但要保证宝宝摄入足够的蛋白质。

强迫宝宝吃饭，不吃到妈妈心中的理想饭量就不准宝宝离开饭桌，这样最容易导致宝宝讨厌吃饭，久而久之就真的不爱吃饭了。因此，强制宝宝多吃一些的做法有害无益。

## 宝宝的头上居然有白发

幼儿头上偶然出现一两根白发不算异常，但若白发很明显，数量较多，则是异常。建议看皮肤科，排除头发本身疾病。

缺锌可以使头发变黄、缺乏光泽、食欲差、生长发育缓慢等。宝宝是否缺锌，需要经过化验，并由医生根据化验结果和宝宝的具体情况综合分析，作出诊断。

## 宝宝睡着了父母能否外出

12个月大的宝宝的记忆能力已经很强，这是好事也是坏事，那就是如果在这期间，宝宝受到惊吓，就会心生怯意，好长时间都不会忘记。

最常见的吓着宝宝是这样的：妈妈趁宝宝睡着的时候，偷偷出去买点东西或者干点事情，但平时能睡2个小时的宝宝，很可能只睡半个小时就醒了。宝宝醒来后发现妈妈不在家，只有自己一个人，特别害怕，就大哭起来，可是谁也不会来。如果宝宝这样哭15分钟以上的话，会被这种孤独的恐怖感吓着，从此妈妈不管去哪儿都要跟着去，就算是能听到妈妈的声音，也要跟去。

所以，在宝宝睡觉时，妈妈想要去做点什么，一定要快去快回，不要让宝宝醒来之后看不到妈妈而害怕大哭，甚至发生意外。

## 深夜起来玩

有的宝宝深夜醒来后要起来玩，对这种情况，第一次的处理很关键。哪怕一次，如果母亲也半夜里起来陪宝宝玩，宝宝就会形成习惯，以致很难改变。

深夜起来玩和宝宝进行户外活动的时间有很大的关系。如果宝宝白天户外活动时间不足，就不会感到疲劳，晚上就不会睡得很香，半夜起来玩一两个小时就很正常。爸爸妈妈应该白天带宝宝到户外去活动，以保障晚间的睡眠质量。

## 不听话的淘气包

12个月大的宝宝不听妈妈的话，淘气顽皮，是很常见的现象。比如，宝宝正高高兴兴地在一边玩耍，这时候妈妈却要叫他吃饭，他就会像没听见似的，继续玩他自己的，对妈妈不予理会。如果被妈妈走过来强行抱到吃饭的椅子上，宝宝就会扭来扭去、打挺，总想从椅子上下去继续玩。还有洗脸、洗澡、穿衣、把尿、把屎时，宝宝可能都会出现反抗情绪。

面对宝宝的不听话，妈妈可借助宝宝的兴趣点，把宝宝不感兴趣的事情"包装"一下。比如，宝宝正在看电视，妈妈催他洗脸，宝宝可能会不乐意，表现出听而不闻，若强行拉去洗脸的话，宝宝就会反抗。此时，妈妈不妨把宝宝和电视中的宝宝进行比较，让宝宝心甘情愿地接受洗脸。

当然，不管妈妈怎么"包装"，和宝宝发生冲突是不可避免的。一旦发生冲突，妈妈不要轻易妥协，让宝宝知道该做的事就是要做。

**小贴士** ▷▷▷

> 当宝宝开始有自己的主张，表现得已经不那么听话时，母亲不应该每天愁眉苦脸。因为对于一个成长中的孩子来说，有反抗期是非常正常的事，这表明孩子已经有了自己的意愿和主张，而不仅只是接受而已。

## 宝宝胆子小

有些幼儿对新环境或陌生人会产生本能的恐惧。在和其他的宝宝玩时，他们总是后退、观望和等待。如果妈妈强迫他尝试一些不同的事情，他会反抗，而且看到陌生面孔时，会黏紧妈妈不放。对于一直试图鼓励宝宝大胆和独立的爸爸妈妈而言，这种行为令人失望。

最好的解决方法是让宝宝以自己的方法去应对，给他时间适应新环境，当他觉得不是十分保险的时候，可以让他握住妈妈的手。如果妈妈对他的行为能从容地接受，被旁观者嘲笑的可能性就非常小，他的自信心也会很快形成。如果这种胆怯的行为一直持续，应该咨询儿科医生。

## 宝宝总是耍脾气

谁都有耍脾气的时候，为什么要求宝宝不耍脾气呢？过了12个月的宝宝可能会耍脾气了，如果爸爸妈妈不按他的意愿行事，他可能会嗷嗷叫，或跺着小脚抗议，或干脆就坐在地上，甚至躺在地上耍赖。

对待宝宝发脾气没有灵丹妙药，可采取相应的方法减轻宝宝发脾气的强度。爸爸妈妈要注意以下几点：

①可以不予理睬，还是做着自己的事，宝宝看没有指望控制父母了，会安静下来。

②千万保持冷静。发火的父母会使宝宝脾气更大。

③分散注意力，忽然提出一个新的事情，要宝宝和自己一块儿干，宝宝就会忘记发脾气的事。

④讲话要平静、温和，这对宝宝安静下来有好处。

⑤不要在宝宝发脾气的时候和他理论，他一定听不进去。等事情过去了，他有一个好心情时，可以和他谈谈，这样效果会好。

⑥表示同情。比如宝宝在发烧，又想到院子里玩，父母不让他去，他发脾气了。这时父母应该对他表示同情，并且找出平时收藏起来的玩具让他玩。

⑦宝宝可能饿了、累了，父母要帮助他解决这些问题。

⑧要立一点"规矩"，什么能干，什么不能干，常常和宝宝说说。当然不是一说他就会跟着做了，但逐渐他会懂的，这就为他分清对错、知道怎么做打下了良好的基础。

⑨对发脾气时乱摔东西、在地上打滚的宝宝要加以制止，以免宝宝受伤。

⑩在宝宝大发脾气时，可抱紧他，这样做可以让他重新控制自己。

⑪要对宝宝进行鼓励式教育。当宝宝表现出控制自己的能力时，哪怕只是一点点，父母就要有针对性地对他提出表扬，给他信心和勇气，宝宝心里高兴，那么下次再出现这种事情他就会很乐意和妈妈说了。比如原本宝宝发脾气时喜欢扔东西，但是这一次虽然发了脾气，却没有乱扔东西，此时作为父母的你就应该对他提出表扬。

## 怎样"对付"磨人的宝宝

常听有些妈妈说，宝宝大了还没有小的时候好带，一点都不乖。其实妈妈没有必要抱怨这些，相反应该感到高兴，因为这预示着宝宝的想法越来越多，思维开始活跃起来，是宝宝进步的表现。那么妈妈应该怎样"对付"磨人的宝宝呢？最好的方法就是让宝宝没有时间磨人。爸爸妈妈可以多开发一些宝宝爱玩的游戏，占据宝宝空闲的时间。如果宝宝喜欢玩某种东西，只要没有危险，让他玩好了。贵重的、怕摔坏的东西一开始就不要拿来哄宝宝。如果宝宝在玩了一次之后，爸爸妈妈怕摔坏了而不给他玩，这往往是引起宝宝更加闹人的原因，所以，父母一定要认真对待这个问题，不能为了一时哄宝宝开心或做某件事情就放弃原则。

## 乳磨牙

宝宝的乳牙分为切牙、尖牙、磨牙3类，最先长出的磨牙咬合面多呈长方形、有4个尖，医学上称为第一乳磨牙，上下、左右共有4颗第一乳磨牙，一般在宝宝12～18个月时长出。出这4颗乳磨牙比出前面的门牙麻烦，时间也拖得比较长。有的宝宝出乳磨牙的时候，会一连几天不想吃、不想喝，烦躁不安，特别是到了晚上，一夜要醒来好几次，而且醒了以后迟迟不肯再睡。所以，有人认为，宝宝出乳磨牙时有失眠的现象。

其实宝宝出这4颗乳磨牙时，白天和黑夜的感觉应该是差不多的，只不过是白天宝宝只顾着玩，对身体的不适察觉不出来，而夜晚，夜深人静，没有其他事情的干扰，所以，宝宝对轻微的不适就会敏感些，就会因为牙床胀痛而久久不能入睡，这种情况要持续到牙齿顶出牙床后。

有的爸爸妈妈看到宝宝夜间醒来，因疼痛而哭闹不止，就采取喂点奶或抱起来的方式安抚宝宝，这样一来，宝宝就更不想睡了。建议爸爸妈妈在宝宝因出牙而夜间醒来时，最好给他喂奶或抱他起来，因为一旦形成这个习惯，再改掉就困难了，而且妈妈爸爸的精力也会受到一定的影响。如果非喂不可时，应让宝宝躺在床上喂，不要抱起来，等宝宝乳磨牙长出后就好了。

# 宝宝老是咬嘴唇

12～24个月是宝宝乳牙发育的关键时期，有的宝宝可能会出现咬嘴唇的现象。如果不及时纠正，将会对宝宝的乳牙、口腔及面部的发育和形态造成不可挽回的坏影响，甚至还会影响恒牙的发育。所以，必须及时纠正这种不良的习惯。如何纠正？作为父母可以采用以下方法。

## 1. 给宝宝安全感

宝宝咬自己的嘴唇，实质上是宝宝缺乏安全感的表现。所以，父母需要给宝宝足够的安全感。充满爱意地抚摸宝宝，紧握宝宝的小手，用力亲亲宝宝的小脸，拥抱宝宝，告诉他"宝贝，我爱你"，等等，都能增加宝宝的安全感。

## 2. 转移注意力

宝宝在咬嘴唇时，父母要尽可能用积极的方法转移宝宝的注意力，作淡化处理。这个年龄段的宝宝注意力很容易随外界的事物转移，父母可以积极地利用这一特点来帮助宝宝。

## 3. 增加宝宝咬食物的机会

父母可以给宝宝咬一些偏硬的食物，如馒头、包子、水果、蔬菜、饼干等，以满足宝宝用牙齿的愿望。同时，父母也要积极地给宝宝做正确的示范，让宝宝从小就懂得牙齿的作用和正确的使用方法，让宝宝明白牙齿不是用来咬嘴唇的。

# 第二章

# 宝宝越来越会吃（18 ～ 24 个月）

## 断奶并不意味着不再喝奶

一般来说，18个月以后的宝宝进入离乳期，一天吃三顿正餐，但这并不意味着宝宝再也不需要喝奶了。只是不再以奶为主要食物，奶成为食物中的一个种类，就像我们吃粮食、蔬菜和肉蛋一样。

对那些不怎么爱吃米饭的宝宝来说，每天要喝500毫升的牛奶。父母千万不要为了让宝宝多吃点米饭，就一点都不给宝宝喝牛奶。每顿能够吃1小碗米饭的宝宝，牛奶量可以减少到300～400毫升。如果宝宝不爱喝配方奶或鲜奶，可以用酸奶、奶酪以及其他奶制品替代，过一段时间再尝试着给宝宝喝配方奶或鲜奶。如果宝宝什么样的牛奶及制品都不喜欢吃的话，可以试一试羊奶。

18～24个月的宝宝睡之前喝一杯牛奶，这不是什么问题，但是父母要特别留心宝宝的牙齿卫生。父母可以在宝宝睡觉后，用清洁的湿棉签清理宝宝的口腔，以保证牙齿清洁，以后慢慢改变睡前喝奶的习惯。

如果宝宝喜欢含着奶头睡觉，父母可以试着用杯子给宝宝喝奶来改正这个坏习惯。不过，大多数依靠牛奶喂养大的宝宝在这个时候还不能够完全丢掉奶瓶，所以用杯子喂奶会让宝宝哭闹不止，如果是这样话，父母就应该先暂时放弃这样的选择。

**小贴士**

　　蛋糕、饼干、点心、咸味油炸小吃有三个坏处：脂肪含量和热量过高；缺乏其他食物中所含的营养价值；对牙齿有害。

　　瓜子、花生、豆子等颗粒状零食最好不要给宝宝吃，以免呛入气管，发生意外。

　　不吃含色素、调味料、添加剂过多的零食。

　　注意零食是否变质，即使是在保质期内的零食，开封后也要注意检查。

# 宝宝的饭量

　　在喂养宝宝时，妈妈可能会存在这样的问题：宝宝12个月时能吃1小碗米饭，为什么快满24个月了，还是吃1小碗米饭，有时还会吃得更少？存在这个疑问的妈妈，是没有明白宝宝的饭量不是和月龄成正比的。也就是说，宝宝的饭量和所需营养不可能随着月龄的增长而无止境地增加下去。相反，19个月的宝宝不如14个月时吃得多是常有的事。

　　快满24个月的宝宝，昨天一顿吃满满一碗，今天却半碗也没吃下去，这不能说明宝宝有什么问题。宝宝吃多少自己心里有数，父母要尊重宝宝选择饭量的权利。妈妈不要为了让宝宝多吃一些，就不管花费多少时间也总是陪着宝宝，而应坚持让宝宝在一定时间内把碗里的饭吃光，养成良好的习惯。

　　对饭量小的瘦宝宝，正餐之间吃点儿东西是有好处的。但是，不停地吃零食没有好处，它只能给宝宝养成不好好吃饭的习惯。建议在早餐和午餐后以及睡觉前让宝宝吃点儿有营养的食物。但是千万不要因为宝宝瘦就给他吃高热量、低营养的劣质食物。既不要把零食当做一种奖赏，也不要只要看见宝宝吃

东西家长就感到高兴。

另外，宝宝的饭量会随着季节的变化而改变，有的季节吃得多，有的季节吃得少。饭量小的宝宝到了炎炎夏季饭量就会变得更加少，以至于有的宝宝因此而体重下降很多。也有不管什么季节都很能吃的宝宝，但这样的宝宝最好控制他的食欲，以免吃得太多而发胖。1～3岁的宝宝如果体重超过了13千克，从节制饮食的意义上来说，父母就要给宝宝多吃一些营养丰富的水果代替米饭，用酸奶代替牛奶。

## 避免暴饮暴食

暴饮暴食是宝宝在发育过程中产生的一种生理性现象，但是不规律的饮食及点心的给予方式，也常是原因之一。

为了避免宝宝暴饮暴食，必须让他养成规律的饮食习惯，但父母也应该充分理解宝宝情绪的波动，绝对不要强迫宝宝吃饭。宝宝不想吃饭的时候，父母可借由散步或运动等来增加宝宝热量的消耗，让宝宝产生饥饿感。

## 不要让宝宝边吃边玩

宝宝之所以会养成边吃边玩的坏习惯，大多数是因为父母选择在宝宝不饿的时候却想尽办法让他吃东西。甚至为了不让宝宝离开餐桌，就把宝宝爱玩的玩具放到餐桌上，但是这不仅没有让宝宝好好吃饭，反而适得其反，让宝宝无法区别吃饭和游戏的差别，更助长了宝宝边吃边玩的习惯。人们经常看到母亲手里拿着饭碗追在宝宝后面喂饭的情景，这也会促使宝宝边吃边玩。所以，当宝宝在用餐的时候站起来走动，或在用餐中玩耍，都有必要加以禁止。

为了让宝宝专注于饮食，应该限定用餐的地方，并让宝宝坐在固定的位置上，要让他养成除了乖乖坐在自己的座位外就不给他饮食的习惯。

此外，也不能忽略边吃边看电视的习惯。常常看到母亲趁着宝宝看电视时，用汤匙把食物放进宝宝口中的情景。但是，宝宝很难和大人一样，同时把注意力放在饮食和电视上。所以必须在用餐时间关掉电视，让宝宝专注地吃饭。

有的宝宝明明没有在玩，吃饭却得花上一两个小时。这种现象常见于母亲过度地干涉宝宝，或母亲个性急躁而老是催促宝宝快吃，或是宝宝将吃饭作为引起母亲关心的手段。这样，就算责备或催促也没办法立刻改掉宝宝这一坏习惯。正确的办法是：首先，父母试着反省自己在教养方式上以及日常对待宝宝的方式是否有问题。比如点心给得太多或者宝宝食欲不振？聪明的家长应该把用餐时间限定在30分钟之内，就算宝宝用餐很少，在下一次的用餐时间之前也不应给宝宝任何食物或点心，这样，宝宝慢慢就会了解到如果自己不吃饭就会挨饿，自然就会安心吃饭了。

## 宝宝食欲不振怎么办

在食欲方面，每一个宝宝都有很大的个体差异。有的宝宝不管什么食物都可以吃，也有什么都吃不香的宝宝。尤其要注意后者，有这样宝宝的家长一定会担心，万一宝宝营养不良怎么办？生病又该怎么办？怎么样做才能让宝宝多吃一点，让父母伤透了脑筋，在饮食上花费了许多心力。然而，这些努力通常很难收到效果，使父母十分烦恼。

到底该怎么做才好呢？重要的是不能只专注在三餐上。这种宝宝好像不太吃东西，但整体上大多都有足够的饮食。三餐的量虽然少，相对的可能是牛奶的量多，或者补充较多的点心，又或者原本他的活动量就少，所以也就不容易饿。与其太专注于三餐，不如审视宝宝的整个日常作息，如果是牛奶量多，就试着一点点减少，如果是活动量过少，就试着多花时间陪他玩儿，这样比较有效。

如果这样做也没效果的话，也不要太介意。有些宝宝天生食欲较差。其实，即使吃得少，但对宝宝来说，也可能已经满足了他的必需量。与其让宝宝多吃东西，不如确保均衡的营养比较好。强迫宝宝摄取自己承受不了的饮食，也会影响宝宝的食欲。如果长期如此，就会形成恶性循环，反而会让宝宝讨厌吃饭。

## 让宝宝高高兴兴吃饭的方法

宝宝高高兴兴地吃饭是最重要的，如何做到呢？妈妈需要注意以下几点。

为宝宝精心准备能令人胃口大开的食物：这点需要妈妈在烹调上下点工夫。首先，食物烹制一定要适合宝宝的特点。对消化能力比较弱的宝宝，饭菜要做得细、软、碎。对咀嚼能力强的宝宝，饭菜要做得粗、硬、整。其次要注意色、香、味。对这么大的宝宝来说，吃已经不仅仅是为了填饱肚子，更重要的是品尝食物的美味和色泽，这样才能高高兴兴地吃。总之，如果正餐的饭菜不如零食对宝宝有吸引力，那就说明父母准备的饭菜不对路。

不要勉强宝宝吃：家长们也许会抱怨，宝宝在吃饭的时候吃得很少，而在其他时间总是要吃东西。实际上，这个问题并不是因为家长随便给他们吃零食而引起的。恰恰相反，都是因为父母在吃饭的时候苦苦地劝说，甚至强迫宝宝吃东西，而在其他时间则不给他们吃东西，正是这种强迫才使宝宝在吃饭的时候失去了胃口。这样数月之后，宝宝一到吃饭时就会反胃，自然不能高高兴兴地吃饭。

睡眠充足、增加活动，按时排便也很重要：睡眠充足，精力旺盛，宝宝的食欲就好。睡眠不足，无精打采，宝宝就不会有食欲，日久还会消瘦。活动可促进新陈代谢，加速能量消耗。按时大便，使消化道通畅，可促进宝宝食欲。

不要让宝宝坐在高处吃饭：让宝宝坐在高处吃饭，会使宝宝感到不安全。试想，带着恐惧感吃饭，宝宝怎么会高兴呢？所以，不要为了方便宝宝夹菜，而故意把餐椅加高，相反应该适当降低点。

让宝宝使用筷子：对宝宝而言，使用筷子是一件非常有趣的事情，在吃饭时，他们可能会抢着用筷子夹菜。对宝宝的这个举动，妈妈们可能会感到好气又好笑。好笑的是宝宝拿筷子时那种笨拙的样子，好气的是把饭菜弄得到处都是。也许有些妈妈会因此而不让宝宝使用筷子。其实大可不必，因为用筷子吃饭是锻炼宝宝手部精细动作的好方法，也会让宝宝对吃饭更有乐趣。

膳食结构要合理：不合理的膳食结构会直接或间接地影响到宝宝的食欲，让宝宝不能开心地吃饭，比如说如果肉、乳、蛋、豆类等吃多了，就会让宝宝产生饱腹感；橘子吃多了容易上火，梨吃多了会损伤脾胃，柿子吃多了会便秘，等等。所以，父母不要因为宝宝喜欢吃就使劲给他吃一样东西，一定要特别注意宝宝的合理膳食结构，也就是每餐荤素、粗细、干稀的搭配要合理。合理的膳食结构是预防宝宝肥胖的一个好方法。

## 适合宝宝的几种食谱

以下是在遵循品种齐全、营养丰富、色香味俱全的原则基础上提出的几种食谱，希望对爸爸妈妈们有所帮助。

食谱一：

早餐（7：00—7：30），1盒牛奶，1/2块面包，1小勺奶油，2小勺果酱；午餐（11：00—11：30），1小碗稀饭，1块肉末土豆泥煎饼，1小碟炒小白菜；午点（15：00—15：30），1块鸡蛋糕，苹果1/2个；晚餐（18：00—18：30），1/2碗牛肉面条，1根香蕉；晚点（20：30—21：00），1盒牛奶，3块饼干。

食谱二：

早餐（7：00—7：30），1盒牛奶，1/2块面包；上午点心（10：00），2块饼干，1/2个苹果；午餐（11：00—11：30），1碗米饭，鱼、鸭血、豆腐；下午点心（15：00～15：30），鸡蛋羹，1根香蕉；晚餐（18：00—18：30），10～12只菜肉小馄炖；晚上点心（20：30—21：00），1盒牛奶，2块馒头片。

食谱三：

早餐（7：00—7：30），1碗牛奶肉末粥，2块饼干；午餐（11：00—11：30），1碗碎菜粥，1个馒头，1小碟肝泥碎土豆；下午点心（15：00—15：30），1个肉包子，3颗草莓；晚餐（18：00—18：30），1/2碗米饭，鸡蛋羹，海带菠菜汤；晚上点心（20：30—21：00），1盒牛奶，1/2个苹果。

**小贴士**

让孩子多吃蔬菜和水果，因为在蔬菜和水果中含有大量的纤维，可以起到清洁牙齿、减少蛀牙的功效，同时也能够增加孩子的咀嚼功能，有利于孩子的骨骼发育。

# 带宝宝旅游如何准备食物

春暖花开的季节，带宝宝旅游是一个再好不过的选择，父母应注意为宝宝准备好足够吃的东西。

## 1. 牛奶

在旅途中准备充足的牛奶，不仅能够给宝宝提供足够的营养，而且也十分方便。带什么样的牛奶要视具体情况决定。

如果是驾车出游，车上有冰箱的话，可以带上125毫升或250毫升的小包装鲜牛奶，大包装牛奶不要带，宝宝喝不完，扔掉是浪费，重新存储和冷藏又很困难。要是没有冷藏设备，就购买不需要冷藏储存的牛奶。

在旅途中带上小包装的配方奶粉很有必要，奶粉储存方便，不易变质。宝宝饿了随时都可以冲给宝宝喝。不过需要准备好旅行热水瓶和保温桶。

### 2. 零食

对于1~2岁的宝宝来说，旅途中准备好零食也是很必要的。这会让宝宝在旅途中兴致盎然，不易晕车或吵闹。父母可以给宝宝带少量优质的零食，尽量不买或少买膨化食品和易胀饱的食品。宝宝以前没有吃过的零食也不要买，以免出现不适。

### 3. 即食食品

旅途中可能不能按时用餐，给宝宝带上打开即食的食品，让宝宝到正餐点后就能够有食物吃。这能够让宝宝保持原有的饮食习惯。

## 训练宝宝有意识的大小便

有的宝宝在满12个月时就开始了大小便训练，也有的宝宝在12~18个月时才开始训练，甚至有的宝宝在24个月时还没有开始。不管在24个月以前有没有对宝宝进行大小便训练，下面这两件事是需要父母一定知晓的。

### 1. 大小便训练的基础是生理成熟

在训练宝宝大小便之前，妈妈认识到生理成熟是基础，非常重要。因为如果宝宝没有到生理成熟阶段，大小便训练可能没有一点成效。如何判断宝宝有没有到生理成熟期呢？这需要妈妈的直觉和仔细观察。比如在训练宝宝大小便时，宝宝不乐意接受，说明宝宝未到生理成熟期，应再等一段时间进行训练。

妈妈还要认识到，每个宝宝生理成熟期并不是都一样的，有早有晚，不能因为邻居家的宝宝乐于接受大小便训练，就怀疑自己的宝宝不聪明。生理成熟期的早晚和宝宝聪不聪明并没有必然关系。

### 2. 要让宝宝知道大小便是需要控制的

在纸尿裤没有普遍使用之前，宝宝都使用尿布，妈妈们为了不让宝宝总是兜着湿漉漉的尿布，在婴儿期就经常给宝宝把尿把便。尽管这不能让宝宝早早地控制大小便，但确实能够减少尿布的使用。现在不同了，大多数宝宝都在使用纸尿裤，这让妈妈们多少有点淡薄了对宝宝进行大小便训练的意识，尤其是城市里的一些上班族妈妈，根本记不清她的宝宝是在什么时候学会控制大小便的。

什么时候训练宝宝学会控制大小便不重要，重要的是要让宝宝知道大小便是需要控制的。一般来说，18个月以后是训练宝宝大小便的最佳时间。在大多情况下，宝宝18个月左右便能够自主控制大便；24个月左右能够自主控制小便；36个月的时候基本上就已经解决了控制大小便的问题。宝宝对大便的自控意识要比对小便的自控意识形成得稍早一些，这是因为肛门括约肌对固态的大便的抑制要比尿道对液态的尿的抑制容易得多。

## 训练大小便包含哪些内容

一般来说，训练大小便包含以下几个方面的内容：

①要撒尿或大便时，宝宝能告诉父母：有些宝宝在满12个月后就能够做到这点，也有些宝宝在18个月后才能够告诉父母。这与宝宝能不能感受到便意、说话早不早有关。

②夜里能控制撒尿：这个能力通常要等宝宝到18个月以后。过早地为了宝宝能控制夜里不尿床，而夜里频繁地起来给宝宝把尿，不是明智的做法，因为宝宝并不会因此而提前控制夜尿，反而会影响宝宝和妈妈的睡眠。

③能够安心地坐在便器上：宝宝是否安心地坐在便器上，与为宝宝准备的便器有关。如果便器的前部呈鸟头、马脸状的话，宝宝就会认为它是个玩具，会只顾玩而不能专心坐着排便。便器最好是屁股恰好能与便器大小吻合，太大

或太小，宝宝坐着都不会舒服。气温低时，皮肤接触到便器会感到凉，宝宝就会讨厌坐到便器上。可以用旧毛毯或布做个大小与便器相同、圈型的空心套子套在便器上。另外，宝宝是否安心地坐在便器上还与妈妈告诉宝宝把尿排在便器里的时机有关。妈妈只有做好了这些准备工作，多数宝宝在18个月左右就能够自己安心地坐在便器上排尿了。

④要排大小便时，能够自己脱裤子：这是教宝宝迈向自立的又一步骤，能减少宝宝在大小便自理上倒退。在宝宝能熟练地解裤子之前，不要给他穿死裆裤。这类裤子会使解不下裤子的宝宝产生畏难情绪。另外，妈妈也要懂得放手，如果总是代劳，宝宝的动手能力就差，能够自己脱裤子排大小便的时间也就比较晚。

⑤自己学着大小便：妈妈可以让宝宝光着屁股玩一段时间。与此同时，不管他在室内还是在室外，妈妈都可以每隔1小时左右提醒宝宝自己大小便。如果他感到厌烦，或者产生抵触情绪，或者在他往坐便椅上坐的时候出现意外，就需要等待一段时间以后再说。

⑥到卫生间大小便：这与父母的示范有关，如果父母在上厕所时也带着宝宝，宝宝就会模仿着这么做。

⑦便后洗手：这是一种卫生习惯。如果父母从来没这么告诉过宝宝，也不要求宝宝这么做，宝宝就很难养成便后洗手的习惯。

除了上述这些外，还有很多别的方面，比如说训练宝宝使用成人马桶、自己擦屁股，等等。

## 大小便训练期间的常见问题

在训练宝宝大小便的时候需要父母细心照料，因为这个时期的宝宝还不完全具备自理能力，生理方面还需要父母的呵护和引导，尤其是男宝宝，存在的问题就更多了。

### 1. 男宝宝不会站着撒尿

有些父母可能会很担心这一点，实际上这是多余的。宝宝的模仿能力很强，只要爸爸在小便的时候带上宝宝，宝宝就会模仿爸爸的样子，萌发站着撒尿的念头。

### 2. 让尿不尿，不让尿却尿裤子

宝宝能够控制小便了，很多妈妈可能会在固定的时间点让宝宝尿尿，可往往是让尿不尿，不让尿却尿裤子。妈妈没有必要为此发火，要理解宝宝。因为宝宝现在并不能够完全控制小便。比如宝宝正玩得高兴，妈妈在宝宝的膀胱没有充满尿液时让他尿尿，他可能不会配合，但一段时间后，尿液充满了膀胱，产生了便意，但宝宝兴致正浓，无暇顾及要排尿的生理信号，自然就尿裤子了。

### 3. 在家里能控制小便，但到了户外就不能控制了

遇到这种情况时，父母不应该斥责宝宝。可以事先做点预防工作。比如，可以带上宝宝的坐便椅，这对宝宝及早习惯在室外的各种地方小便很有好处。

### 4. 会控制小便，却还是尿床

这种情况太正常了。原因可能是，宝宝睡得很深，充盈的膀胱不足以把熟睡的宝宝刺激醒，宝宝感受到尿意，却在梦里梦见自己坐在便器上开心地撒尿，结果就尿床了。对待这个问题，妈妈不要责备宝宝，更不要对宝宝能不能控制大小便产生怀疑。宝宝长大后，自然能控制了。

### 5. 大便干燥，让宝宝出现肛裂

宝宝肛裂不仅很痛，而且伤口在好几个星期之内都难以愈合，会使宝宝拒绝解大便。如果宝宝憋着不拉，就会形成恶性循环，大便会变得更硬。所

以，见到宝宝大便变硬时，要及时调整宝宝的饮食，如在每天的饮食中加入梅脯或者梅脯汁，或吃点香蕉等。食用含全谷小麦和全谷麦分较多的麦片、面包和饼干，也有一定的通便效果。当调整饮食仍不能缓解时，应去医院就诊，寻求药物通便。

## 6. 宝宝憋尿

宝宝能够控制大小便是一件好事，但妈妈们也许会遇到宝宝憋尿不排的情况。这很可能是受到情绪的影响，比如焦虑、生气、害怕等。遇到宝宝憋尿时，妈妈不要着急，宝宝憋不住了自然会尿裤子。如果不想宝宝尿裤子，可以对宝宝进行安抚，让他消除紧张的情绪，让宝宝顺利排出大小便。

**小贴士**

尿床是每一个宝宝都要经历的一个生理发育阶段，要想让宝宝一次都不尿床是不可能的。但是只要训练得当，宝宝尿床的次数并非不可以减少。

# 大小便训练注意事项

在训练宝宝进行大小便的时候，父母需要特别注意以下几点：

要在宝宝心情愉悦的时候训练宝宝排便，如果宝宝感觉到厌烦，就不要再去勉强他。如果把宝宝放在便器上或领宝宝去卫生间宝宝大声哭泣，要断然停止排便的训练。如果强求宝宝，宝宝将会对便器或卫生间产生恐惧症，那就更难训练排便了。

不要让宝宝长时间坐便器，长时间坐便器不但不利于宝宝排便，还有导致痔疮的风险。让宝宝长时间坐便器也是引起便秘的原因之一。

刚开始训练宝宝大小便的时候，不要刚解掉宝宝的尿布，就把他直接放到便器上。这样做让宝宝感到太突然，难以接受。最好是先让他熟悉几周坐便器，比如让他把坐便器当成是一件可以穿着衣服坐上去的有趣的玩具，而不是父母用来逼他大小便的装置。

不要让宝宝养成坐便器看电视、看书、吃饭的习惯。这会减弱粪便对肠道和肛门的刺激，减慢肠道的蠕动，减轻肠道对粪便的推动力。

一旦开始对宝宝进行大小便训练，父母的态度就要始终如一，要有足够的耐心，真心期待着受训的宝宝能和大人一样学会使用马桶。这就需要家长在宝宝表现好的时候对他进行表扬，在宝宝不愿服从的时候对他讲道理，而不要在宝宝不想合作的时候对他发火或者批评，在宝宝训练不见成效时不要表现出明显的不满。

还应注意的是，父母不要在宝宝的面前冲刷粪便，宝宝有可能会因为水流冲刷粪便时的猛烈方式而对马桶产生恐惧感，而因此害怕坐到坐便器上去。

## 陪着宝宝入睡

王雅家的宝宝很听话，这让她感觉很欣慰。渐渐地宝宝18个月了，宝宝的年龄长了，脾气也大了。每天晚上，王雅给宝宝换上睡衣、盖上被子后，宝宝还要再折腾好一会儿才能躺下入睡，最难缠的是宝宝只要王雅一个人陪着。这不禁让王雅感觉力不从心。宝宝为什么会出现这种情况呢？

这是因为此时的宝宝正处在一个独立与依恋的十字路口上。宝宝能自己拿勺子吃饭，能告诉父母要大小便，是宝宝独立的表现。同时，对父母的依恋也很明显，宝宝想把父母拉到自己的身边，尤其是睡觉的时候，怕一闭上眼父母就不见了。如果父母拒绝宝宝的这种依恋，斥责宝宝，让他自己去睡，这样做能促进宝宝的"自立"吗？当然不能，相反会影响宝宝与父母的合作，推迟其他方面的独立。所以，入睡前，宝宝想让爸爸或妈妈在身边的话，就应该高兴地满足宝宝，让宝宝安心、快速地进入梦乡。对曾经由于醒来后，爸爸妈妈外出不在身边而受到过惊吓的宝宝，更应如此。在宝宝刚睡着时，爸爸妈妈不要急于悄悄离开，宝宝很可能是假装睡着。如果爸爸妈妈离开了，宝宝会更害怕睡觉。

# 24个月左右的宝宝需要睡多长时间

24个月左右的宝宝平均每天需要睡10~12个小时，还不包括白天的小睡。但这只是平均的数据，而且其中存在着很大的个体差异。比如，有些幼儿需要的睡眠时间多些，而另一些需要的相对少一些。尽管有的宝宝睡的时间不够多，父母也不必担心他的睡眠满足不了自己的需要。

随着宝宝的成长，他们的睡眠会逐步减少。刚开始的时候，父母可能在傍晚注意到这种现象。以后，他们在白天的其他时间也会表现得没有一点睡意。父母要懂得每个幼儿都有自己的睡眠规律。

## 常见的睡眠问题

幼儿的睡眠问题一直是困扰父母的大问题，睡姿不正确，睡眠习惯不好，半夜啼哭，等等。问题确实不少，最常见的有以下几种：

①睡觉前离不开奶瓶：如果对宝宝来说这是个最简单的入睡方法的话，可以继续让他抱着奶瓶入睡。如果是白天奶喝得很多、饭也吃得不少的宝宝，为了防止他发胖，要减少白天的牛奶量，牛奶中也不要放糖。

②困倦不睡：依靠自己的意志力努力保持清醒，从而困倦不睡的宝宝不少。但18~24个月的宝宝，不会像大人一样，能够靠意志力坚持一个晚上不睡觉，他们通常都是坚持一会儿就睡着了。所以，如果你的宝宝晚上不愿意睡觉，让你陪着玩，就陪好了。但父母要注意，晚上陪宝宝玩，不能让宝宝像白

天那样兴奋，可以和宝宝做些能让其安静下来的游戏，或讲故事，或给他唱摇篮曲。

③睡到半夜哭闹：这是让父母最为烦恼的问题之一，不仅影响宝宝自己的睡眠，还会影响邻居和父母的睡眠。遇到这种情况，父母可以采用这个方法纠正：当宝宝半夜开始哭闹时，不要立即去哄，也许宝宝只是哼哼几下就睡着了。如果一段时间后，宝宝越哭越厉害，父母可以去哄一下，逐渐延长哄宝宝的间隔时间，宝宝哭闹时间就会慢慢缩短。哄宝宝时，父母也要注意方式方法，不能把宝宝抱在怀中满屋子转，也不要抱着大幅度颠宝宝，轻轻地拍着宝宝的胸部就行了。另外，如果宝宝以前没有这种情况，最近才有，需要带宝宝去医院检查，排除疾病因素。

④半夜醒来要喝奶：在婴儿期，宝宝半夜醒来要喝奶，父母不会感到奇怪，但进入离乳期的宝宝，半夜里还要喝奶，对此父母可能会不理解。这可能是宝宝延续婴儿期的习惯，短时间无法改变，需要一段时间过渡，也许宝宝在某一天就突然不要喝奶了。

⑤白天不睡觉：每个宝宝都有自己的睡眠习惯，白天不睡觉的宝宝，可能晚上会睡得很沉，睡眠质量很高。只要宝宝精神好，能吃能喝，发育正常，父母就不要担心。当然，让宝宝养成午睡的习惯就更好。

⑥翘着屁股，趴着睡：宝宝会做这样的姿势，可能是觉得这样睡很舒服。所以只要宝宝睡得安稳，夜里不哭也不闹，父母就没有必要再纠正宝宝的睡姿，以免宝宝感觉不安而啼哭。


## 让宝宝安然午睡的方法

不管是对大人还是对宝宝来说，午睡都是有益健康的选择。但是，有时宝宝会拒绝午睡。那么妈妈又该怎么办呢？不妨试试下面这几种方法。

①避免兴奋：午睡之前，不要让宝宝进行剧烈的活动，以免他过于兴奋不能入睡。

②推他入睡：如果宝宝还很小，不愿意午睡，你可以把他放在童车里，推着他在家中来回走动，直到他入睡。如果宝宝很快又醒来，你可以继续推着走动，让他重新入睡。当他习惯于每天睡午觉后，你就可以把他移到床上睡。如果家附近有公园或绿地，你也可以把宝宝的午睡时间跟自己的锻炼时间融合，在宝宝每天应该午睡的时候，推着童车去绿地或树林散步。这样的话，宝宝可以获得睡眠，你也可以有愉快锻炼的体验。

③睡前故事：也许是个小小的忽略，很多妈妈都没有发现，自己的宝宝白天不愿意午睡的原因，居然是缺少了睡前故事。如果每天晚上宝宝要听一两个故事后才能睡着，白天宝宝缺少了睡前故事一样会难以入眠。妈妈可以陪伴他，遵循着夜晚的睡觉规律，为宝宝讲一个睡前故事，很快宝宝就会甜甜入睡。

④陪他入睡：跟宝宝躺在一起，播放柔和的音乐或有声图书，放松，然后闭上眼睛。这是让宝宝接受午睡的最好方法。

⑤遮蔽光线：如果宝宝习惯在光线暗的环境里入睡，午睡时，妈妈应该为宝宝拉上窗帘，让房间保持黑暗，如果窗帘的透光性能太好，也许你可以考虑更换成厚窗帘。要知道，有些宝宝对光线十分敏感，亮光会使他们无法入睡或者刚刚入睡又醒来。


# 影响宝宝睡眠的原因

影响宝宝睡眠的原因主要有以下几种：

①精神心理刺激：宝宝遭受较大的情绪波动或心理伤害，如惊吓、虐待等，夜里便会睡不安稳。此外，家长忽视对宝宝的抚慰和感情交流，也可能造成长期睡眠不佳。

②环境不佳：睡眠的地方太嘈杂，衣服包被过多或过少都会影响睡眠。此外，蚊虫叮咬和突然改变睡眠地点，也会导致宝宝出现睡眠不安稳。

③生理性抽动：宝宝神经发育不成熟，常常会出现一些生理神经调节障碍。这种抽动在宝宝清醒时不会出现，如果神经系统检查及脑电图检查正常，长期预后良好，则不需治疗，一般随着年龄增大，症状会逐渐消失。

④安全感缺失：大部分宝宝对父母都有很强的依赖感，而且随着年龄的增加，自我保护意识增强。宝宝刚睡着后不久或真正醒来之前有时候会翻身坐起来，看不到大人就哭，一般家长抚慰后都能接着睡觉。如果在一个陌生的环境睡觉，这种寻求安全感的需要尤其迫切。

⑤夜间排尿：夜里有尿意的时候，宝宝会被尿意吓得哭闹，撒完尿后会自然入睡。另外，纸尿裤包得过紧同样会引起宝宝睡不安稳。

⑥喂养不当：有些父母总是担心宝宝吃不饱，睡觉前给宝宝喂较多食物，导致宝宝夜间肠道负担过重，出现消化不良的症状，夜间就睡不安稳。建议粥、面等固体食物应在临睡前两三个小时喂，睡前一小时再喝一点奶。随着宝宝年龄增大，可以夜间不再进食，让全身各个器官得到全面的放松，这样宝宝睡觉就会更安稳。

⑦不良生活习惯：睡前玩得太兴奋；睡觉时间没有规律等不良生活习惯也容易导致睡眠不稳。

 **小贴士**

尽量避免宝宝夜间尿床的办法有不少，比如晚餐不能太稀，入睡前半小时不要让宝宝喝水，上床前要让宝宝排空大小便。

## 怎样叫醒宝宝才正确

午睡需要睡多久才合适呢？对于大人来说，半小时就可以让困倦的身体立刻变得精神抖擞。但对于不满24个月的幼儿来说，时间就可能会偏长一点，需要睡上一两个小时，甚至两三个小时，这都是很正常的。只要宝宝不会因为中午睡得时间过长而影响了晚上的睡眠质量，就没有什么大不了的。

如果宝宝因为午睡睡了三四个小时，而晚上要父母陪着玩到半夜三更才肯睡觉，那就需要加以调整了。可以在宝宝白天睡到一个多小时的时候，主动叫醒他。如何叫醒宝宝才能不让他哭呢？可以试试以下方法。

①音乐呼唤：放些音乐，每隔几分钟加大一些音量。然后拉开窗帘，打开窗户，诱导宝宝从睡梦中自然醒来。使用这个方法时，音乐的选择特别重要，不要因为是要叫醒宝宝，就用大音量或摇滚乐来刺激宝宝的听觉，那样虽然可以使宝宝从睡梦中醒来，却会让宝宝因惊吓而哭闹不止。所以，轻快愉悦的音乐是叫醒宝宝的最佳选择。

②爱的呼唤：如果宝宝睡得太沉，妈妈可以先推推宝宝的身体，或轻抚宝宝的面颊，轻声呼唤。在轻柔的刺激下，宝宝会慢慢地由深睡状态进入浅睡状态，或从浅睡中慢慢醒来。醒后允许宝宝再躺几分钟，伸伸懒腰，妈妈再给宝宝穿衣服。避免熟睡时猛然叫醒宝宝。如果宝宝的睫毛在颤动，妈妈就等几分钟再把宝宝叫醒。如果妈妈感觉宝宝做的是很紧张的梦，最好检查一下宝宝的手、脚或身体其他部位是否处于紧张状态，顺势帮他调整好。

③温毛巾擦脸：宝宝如果坚决不肯醒来，妈妈可以试着用一条温毛巾给宝宝擦擦脸，软软的毛巾擦在脸上，暖暖的、痒痒的感觉一定会把宝宝从梦中唤醒过来的。千万要注意洗毛巾的水的温度，不要用过凉或过热的水擦脸，以免给宝宝不适的感觉。

④转移目标：对于那些"下床气"特别严重的宝宝，妈妈就要多下一点工夫在宝宝身上了，要用他感兴趣的东西来吸引他的注意力，转移他的目标，长此以往，让宝宝自我纠正，同时还要注意一点，就是鼓励式教育，在宝宝表现出色时，别忘了表扬宝宝。

**小贴士**

　　家里若有两个宝宝，是需要每个宝宝独睡一室呢，还是应该让他们住在一起？这个问题很实际。如果条件允许，最好还是为他们每人准备一间卧室，当宝宝比较大了以后就更应该这么做了。宝宝有了自己的房间以后，就可以自己整理东西，有助于培养独立意识。

## 给宝宝准备质量好的护肤品

　　宝宝光滑水嫩的皮肤让人爱不释手，如何保护宝宝娇嫩的皮肤是妈妈关心的主要问题。自然，各种护肤品是理想的选择。不过，妈妈在为宝宝选购护肤品时，一定要注意以下几点。

　　①看成分：越简单越好，不加特殊香料、酒精，不加过多颜色，只具备基本的润肤成分（凡士林、羊毛脂等）即可。

　　②闻气味：有淡淡香味就可以，香气浓郁的最好别买。

　　③看颜色：白色或乳白色的最好，颜色鲜艳的最好别买。

　　④论功能：护肤品的功能要简单，如护臀霜就是专门保护小屁股的，润肤霜就是滋润皮肤的。如果护肤霜还宣传有其他的功效，家长就要小心了。尤其是不要选择有杀菌等作用的，免得刺激宝宝娇嫩的皮肤，引起过敏。

　　⑤液体稀：婴幼儿护肤品一般含水量很高，涂在皮肤上的感觉应比成人的稀得多，很容易抹开，不能有黏稠感，否则会堵塞宝宝皮肤的毛孔。儿童的浴液、香波等也都比成人的稀。

　　⑥渗透强：如果给宝宝使用清洁类护肤品后，抚摸时感觉皮肤上有东西附着，就说明可能是这种产品不适合宝宝皮肤使用，或是产品本身就有问题。

　　⑦泡沫少：泡沫多的产品可能会有一定的刺激作用，所以家长要格外注

意，一般看上去有细细的泡沫出来就可以了。

⑧最好选成熟的老产品：不要经常换品牌，这样宝宝的皮肤便不用对不同的护肤品反复做调整；要确认产品的生产许可证、卫生许可证、执行标准（适合什么性质的皮肤使用，比如油性、干性、中性），并看准保质期。

## 适合 24 个月宝宝的玩具

大小不同的玩具娃娃。

大图画和简单故事制作的大开本图书。

儿童（钢琴）键盘和其他乐器。

印有大量图片的书或杂志。

小汽车、卡车、火车。

简单的益智拼图玩具。

形状简单的排列玩具。

过家家类的玩具，如宝宝的割草机、厨房餐具、扫帚。

儿童三轮车。

相互连接的玩具连环、大的串珠、S形物体。

积木。

发掘类的玩具，如桶子、铲子、耙子。

浴室玩具，如小船、容器、会漂的吱吱叫的玩具。

木勺、旧杂志、篮子、纸盒子或管子。

插孔玩具。

长蜡笔。

玩具电话。

宝宝在房子周围"找到"的其他安全不易破碎的容器，如盆、罐、壶和锅。

室外玩具，如滑梯、秋千、沙箱。

能推能拉的玩具。

毛绒动物。

用来装扮的衣服。

各种尺寸的不易碎的镜子。

各种各样的球。

## 为宝宝准备好牙刷、牙膏

刷牙是清洁口腔护理的一个重要方面。有些宝宝在18个月之前就已经会模仿大人刷牙，也有些宝宝在18个月以后还不愿意自己刷牙。不管怎样，宝宝到24个月时，爸爸妈妈都要教他怎么刷牙。

教宝宝刷牙，首先要为其准备一套好的工具。一般来说，牙膏要选用儿童专用的低氟牙膏，牙刷则是刷毛相对柔软、牙刷头比较小、牙刷柄比较粗的儿童牙刷较好。有些父母可能会为了省事，直接给宝宝使用成人牙膏，这是不对的。

刚开始的时候，宝宝还不会自己刷牙。爸爸妈妈可以在每次刷牙的时候带着宝宝，让其模仿。几次之后，就可以让宝宝自己拿着牙刷刷牙。在教宝宝刷牙的时候，父母要注意宝宝的安全，发现宝宝拿着牙刷在嘴里乱刷时，要告诉他这样做不对，否则宝宝可能会因此而戳伤自己的嘴，进而一刷牙就想到这件事，从而拒绝刷牙。

宝宝自己刷牙是刷不干净的，所以，当宝宝刷完后，妈妈要再帮助宝宝刷一次。不要挤太多的牙膏，每次挤出黄豆大小的牙膏就可以了。

如果宝宝24个月了，还不愿意刷牙，爸爸妈妈也不要强求。在平时可以将干净的纱布裹在食指或中指上，轻轻擦洗宝宝的上下牙齿及牙龈，因为食物最容易滞留在牙颈部，因此擦洗方向应从牙颈部向牙齿咬东西的切端移动。也可用一种硅橡胶制成的牙刷指套来代替纱布，按照上述的方法清洁宝宝的牙齿。

## 教宝宝擤鼻涕

　　流鼻涕是宝宝正常的生理现象。在宝宝还不知道自己擤鼻涕的时候，爸爸妈妈又没有及时为他擤掉，他们就会很自然地用衣服袖子任意一抹，或者是使劲一吸就又咽回了肚子里。这不但对宝宝的形象有所影响，而且还会因为鼻涕中含有的大量病菌影响宝宝身体的健康。所以，父母教会宝宝如何擤鼻涕是十分必要的。

　　教宝宝擤鼻涕，可以先让宝宝用一只手的食指按住一侧鼻翼，擤另一侧鼻腔里的鼻涕，然后换一只手，擤这一侧鼻腔里的鼻涕。不要让宝宝的食指和拇指同时抓住鼻翼，很可能因为宝宝还不能熟练擤鼻涕，而同时捏住两个鼻孔用力擤，这样非常容易把带有细菌的鼻涕通过连通鼻子和耳朵的咽鼓管，擤到中耳腔内引起中耳炎。中耳炎轻者可能导致宝宝听力减退，严重时引起脑脓肿，将会危及生命。

　　宝宝在擤出鼻涕后，还要教他用卫生纸擦掉，给宝宝的卫生纸要多折叠几下，以免宝宝把纸弄破，搞得满手都是鼻涕之后再随手擦到身上。

## 给宝宝穿合适的衣服

　　18个月以后的宝宝，身体比例有了根本改变，不再像个大头娃娃，胸廓、头、腹部三围变得差不多，腿也长长了。脖子也比原来长了，可以穿带领子的衣服了。

　　不管是给宝宝穿带领子的衣服，还是穿无领的衣服，衣服的厚薄数量和舒适是很重要的。妈妈可以通过宝宝的反应来判断衣服合适与否：如果宝宝手脚温暖，也不出汗，脸色正常，说明衣服穿得合适；如果宝宝的脸色发红，而且身上、手、脚出汗，就说明衣服穿多了；如果宝宝的手脚发凉，就说明可能衣服穿得不够。

## 意外伤害与安全对策

在幼儿时期，父母最担心的就是宝宝发生意外。所以，对幼儿进行安全指导和安全管理非常重要。

疾病虽然也令人担心，但大部分的情形是可以通过医生的治疗和家长的照顾而得到适当的处置，而意外事故的处理则完全无法耽误，必须当机立断。因为，一有耽搁就可能招致无法挽回的悲剧。为了防患于未然，父母们要多了解宝宝的发育状况和生活，以有效预防意外发生。

未满24个月的宝宝开始能自由移动自己的身体，同时语言发展到能把自己的意愿传达给他人，这两项是最显著的进步，同时也增加了发生意外的可能性。

基于此，一些父母会提醒到外面玩耍的宝宝要注意安全，他们只要一看到有危险，就禁止宝宝去那边玩耍，并提醒宝宝"那里有危险"、"那里不能去"。如此一来，宝宝的玩耍空间就受到很大的限制，以至于宝宝情绪低落。

其实，只要做好安全防护，就不用禁止宝宝自由玩耍，比如在有插座、电线之处及厨房、厕所等可能有危险的地方做安全防护，再随时注意宝宝的行动。如果他非常喜欢爬梯子，稍不注意他就会去爬楼梯，这时就该在楼梯的入口处装上栅栏。

此外，应把化妆台抬升到宝宝的手够不着的地方，或用胶布紧紧贴牢化妆台的抽屉，同时必须把化妆品的盖子拧紧，否则宝宝可能把盖子打开并喝下去，造成中毒事件。

宝宝非常喜欢玩水，有时玩着玩着就掉进浴缸里，这样就有被淹溺的危险。因此，千万不能让宝宝单独进入浴室。

夏天在水里玩耍时，宝宝很容易把水喝下去或把手伸入脏水里，然后又在手上舔、把脏水吃下去，应该让宝宝养成良好的卫生习惯。

另外，父母要对宝宝进行必要的安全指导。未满24个月的宝宝走路变得灵巧，稍微会跑动之后，生活世界也变得更为宽广。此时宝宝手指变得很灵活，抓、捏等也很"高明"。"去那边看看"、"摸摸看"、"试着到这边看看"，对任何东西都感兴趣，到处走动，也会对其他人表示关心，会观察、模仿别人做的事，观察大人的表情，模仿大人说的话。

知道宝宝上述的发育特征后，不能因为担心危险而一味地禁止，而是要通过游戏与生活，教导宝宝认识危险与安全。

若是因危险就阻止宝宝或者禁止宝宝去做某一件事，就是在无形当中阻碍宝宝的生长发育。父母应该让宝宝学会自我保护，在探索活动中，经常给宝宝灌输有关危险和安全的常识。经过父母不断重复地说，并且用正确的行动做示范，耳濡目染的宝宝自然渐渐就学会了。

# 为宝宝挑选一个好保姆

保姆，大概是与幼儿接触最为密切的人了，她的一言一行都直接或间接地影响着宝宝的成长，所以，为宝宝挑选一个素质高、品质好的保姆是父母不可推卸的责任。在挑选保姆的时候需要注意以下几点。

## 1. 让宝宝有个好榜样

幼儿处于模仿期，保姆的性格、处世原则、行事方法，甚至姿势、言谈和神态等都会成为婴幼儿的模仿对象。保姆的文化素质对宝宝也有影响。如果保姆文化程度较高，就能常给幼儿介绍周围的事物、自然现象等，同时，也能更好地帮助幼儿了解周围的世界，满足宝宝的好奇心、求知欲，促进幼儿智力发展。如果保姆有琴棋书画等特长，用以引导幼儿，就会培养其相应的兴趣。

### 2. 身体健康

如何知道保姆是否健康呢？光凭保姆自己的讲述和对外表的观察，不足以说明问题。最好带其到正规的医院进行健康体检。体检项目应包括妇科在内的全面健康检查。传染病的检查至关重要。

### 3. 心理健康

保姆是宝宝接触最多的人之一，她们的心理是否健康，对宝宝的健康成长有很大的影响。在当事人同意的情况下，可以检测其心理状态。也可观察和通过其他途径进行了解，比如观察保姆的性格是否开朗，询问保姆以前帮助带过宝宝的家庭主人等。

### 4. 安全问题要记牢

把宝宝交给保姆，家长最担心安全问题。除了要对保姆进行全面考察外，应向保姆交待基本的安全事项和家庭规定，提出明确具体的要求。带保姆了解你的家，指出对幼儿有危险的地方，指明危险品的放置地点。让保姆知道宝宝正在服的药的情况，教保姆学会正确地给宝宝吃饭，并教她如何紧急处理宝宝咽噎的急救法。还要教保姆如何照看熟睡的宝宝，嘱咐她定时去检查一下宝宝的情况。将遇到紧急情况所用的电话号码列出贴在电话机旁。带保姆认识邻居、小区物业管理人员或居委员会工作人员，交代其必要时可以向他们求援等。

### 5. 具有一定的喂养知识

喂养宝宝是护理宝宝的一项重要内容，与宝宝的生长发育息息相关。所以，看护人具有先进的育儿理念和科学的育儿方法，是非常必要的。在这方面父母一定要慎重。千万不要聘请那些没有经过专业机构职业训练的小姑娘照顾宝宝。最好找做了妈妈、年龄在45岁以下、有高中以上文化、有过职业经历、有幸福家庭的人。这样的保姆，会懂得做母亲的心酸，一些简单的护理也是得心应手，对于宝宝也会更用心，就算她不能做一个全职保姆，但也要比全职的年龄小的保姆要优秀得多。

## 宝宝的春季护理要点

春季，过敏体质的宝宝很容易出现过敏症，也容易引发咳喘。妈妈在护理宝宝时要多加注意。一般来说，以下几个方面是需要重点注意的。

①不要给宝宝食用容易引起过敏的海鲜产品。这些产品包括贝壳类、螃蟹类、虾类等。

②辛辣、生火、生痰的食物容易引起过敏，不要给宝宝吃，比如辣椒、大蒜、各种香料、桂皮、桂圆等。

③风大的天气，空气中花粉可能很多，不要带宝宝外出。

④新型护肤品和洗涤用品，或以前没有使用过的，不要给宝宝用。

⑤毛织品，如地毯、毛毯、羊毛内衣、羊毛帽子等，都容易引起宝宝过敏，不要让宝宝接触或穿戴。

⑥新装修的房间里，可能会散发出引起过敏的化学物质，不要带宝宝去。

宝宝一旦出现了过敏症状，不要随便给宝宝用药，应去医院检查，遵医嘱用药。

此外，在春季，宝宝可能会出现夜眠不安的现象，这是因为冬季宝宝户外活动少，也没有补充足够的维生素A、维生素D，而春季宝宝的户外活动时间增加，可能会出现一时性血钙降低。宝宝出现这种情况时，补充2周的钙剂就行了。

## 宝宝的夏季护理要点

一到6月份，平时不爱吃饭的宝宝，就会变得更加不爱吃饭。但是宝宝还是和以前一样精精神神地玩耍，如果是这样，父母就不必担心，可以给宝宝喝一些牛奶，补充身体所需营养。

冷饮可以给宝宝吃一点，但不要多，因为它们会影响宝宝的肠胃功能和牙齿的发育。

夏季天热，剩饭剩菜最好不要给宝宝吃，如果因为某些原因需要给宝宝吃，就一定要加热透，不能简单地放在微波炉里加加热。要知道，微波炉加热对饭菜没有消毒作用。另外，放在冰箱里超过3天的熟食，即使看起来没有变质，也不要给宝宝吃。

凉拌菜、水果沙拉都是不错的夏天菜。对买回来的原料，一定要清洗干净。可以把菜或水果的表面清洗干净后，再用果蔬洗涤剂浸泡一两分钟，之后再彻底清洗干净并用清水泡几分钟。

夏天细菌容易滋生，注意个人卫生很重要。父母要注意勤给宝宝洗手。洗手时要先把宝宝的手放在水中清洗一下，然后用洗手液把手的各个部位洗一遍，包括指甲缝，最后用洁净的毛巾把手擦干。

夏季腹泻很容易发生，如果宝宝出现腹泻，不要随便减少宝宝的饮食量，更不要擅自使用各种治疗腹泻的药物，要咨询医生，严重时还要带宝宝的大便去医院化验，以免因错误使用药物而导致腹泻难以治愈。

超过18个月的宝宝，夏天的时候就可以带着他去游泳，但是在下水之前要做好充足的准备工作，再让他把身体浸在水里，浸在水里的时间在5分钟左右。让宝宝在庭院中的塑料盆里游泳玩耍也非常好，水深不要超过10厘米，若在20厘米以上，恐怕宝宝摔倒会造成危险。另外，如果带宝宝去海边旅游，一定要注意防止阳光过度照射，而引起皮炎、发热等症状。

**小贴士**

感冒的症状较短，通常1~2周即可病愈，季节性不明显，而过敏性鼻炎则持续病程较长，常年反复发作，因此也称常年性鼻炎，间歇性鼻炎则有明显的季节性。

## 宝宝的秋季护理要点

俗话说，"春捂秋冻，一定没病"。秋冻是很有必要的，可以增加宝宝的抵抗力，尤其是呼吸道的抵抗力，帮助宝宝顺利度过寒冷的冬季。但是，那些有哮喘史、慢性咳嗽及婴儿期湿疹比较严重的宝宝，还是要注意保暖的，否则受凉后，可能一个冬天都在喘息、咳嗽。

满2周岁的宝宝，秋季腹泻的发生率会明显下降，但不是完全不会患秋季腹泻。父母还是要做好预防工作。在秋季腹泻的流行时日（我国北方大约在11月就开始了，南方会推迟到来年1月份左右）来临前，给宝宝打轮状病毒预防针是不错的选择。

如果宝宝患上了秋季腹泻，也不要着急，只要处理得当，宝宝一周就会痊愈。在护理腹泻的宝宝时，重要的是要给宝宝补充足够的高效又价廉的口服补液盐。口服补液盐呈粉状，应按说明配成水剂分次服用。宝宝每腹泻一次，服50~100毫升，起到防止脱水的作用。给宝宝喂口服补液盐水应该耐心，少量多次地喂，每2~3分钟喂一次，每次用勺喂10~20毫升，这样积少成多，约4~6小时即能防止脱水。大一点的患儿可以用杯子直接喝。如果患儿呕吐，停10分钟后再慢慢给患儿喂服（每2~3分钟喂一勺）。若腹泻不停，则需要去医院就诊。

静脉输液只用于重度脱水，需要在专科医生指导下使用。家长切不可随意向医生要求输液治疗。因为滥输液不仅会增加患儿的痛苦和家长的经济负担，有时会发生输液反应，导致病情恶化。

在秋季，雨水渐少，天气渐凉，气候日趋干燥，即使宝宝没有患秋季腹泻，平时也要注意给宝宝补水，以免口干舌燥、小便短少、大便干结、鼻塞、咳嗽等一系列症状的出现。如何给宝宝补水？妈妈要注意以下几点：

①要比其他季节更注意让宝宝喝水，保持呼吸道的正常湿润度。

②让宝宝直接从呼吸道"摄"入水分，即把热水倒入杯子里，让宝宝的鼻孔对着杯子，把水蒸气吸入呼吸道，进入肺部，使上下呼吸道黏膜不再干燥。每次吸入10分钟左右，早晚各做1次。

③给宝宝多洗几次澡。传统医学把皮毛比喻为肺的屏障，秋燥最先伤及皮毛，进而伤肺。多洗澡有利于皮肤的血液循环，使肺脏与皮肤保持气血通畅，使肺得到滋润。

## 宝宝的冬季护理要点

吴艺的宝宝身体免疫力很差，在这两年的时间里，大病小病不断，尤其是冬天，这究竟是什么原因呢？

每一个母亲都非常疼爱自己的宝宝，吴艺也不例外，每到冬天，吴艺都会给宝宝穿上厚厚的棉衣，外出的时候还会穿上羽绒服，戴上帽子、手套、口罩，捂得严严实实的，就像一个大肉球一样，生怕孩子会冻着。一次，吴艺带孩子回娘家，邻居们都笑着说："你给宝宝穿得太厚了，这样很容易生病的！"吴艺一脸茫然地问道："为什么？穿少了宝宝不会冷吗？冻着怎么办啊？"邻居们微微一笑，说道："'春捂秋冻'，这样宝宝的免疫力才能挺高啊！"吴艺这才恍然大悟，原来之前宝宝这样爱生病，都是自己太过保护和疼爱自己的宝宝了。

俗话说得好，"若要小儿安，常带三分寒"。但是，有一些父母因为担心宝宝会冻着，给宝宝穿很多衣服，这种做法通常会让宝宝失去适应气候变化的能力，温差大的时候就更容易生病了。

宝宝冬季的衣服不要穿得过多过紧，贴身的衣物应该是棉的，脚上一定要穿上棉袜子。衣服穿得过多反而影响宝宝的行动，影响血液循环。冬季是呼吸道传染病发生和流行的高峰期，宝宝易发生伤风感冒、急性咽喉炎甚至肺炎等，不要随便改变宝宝的饮食习惯，否则，会使宝宝在一段时间里因不适应，而降低免疫力，造成细菌或病毒的乘虚而入。

冬季室内的温度一般要比室外高很多，特别在北方，常常是户外冰天雪地，室内却温暖如春。这会导致室内湿度大幅度降低，从而有利于病毒繁殖，加上宝宝呼吸道干燥，影响了呼吸道纤毛运动功能，粘附在尘埃中的病毒随着尘埃进入呼吸道，引起呼吸道感染。所以，冬季一定要注意给室内加湿。

宝宝已经这么大了，即使是在冬季也要常常带着他到户外走一走。出去的时候要特别注意宝宝的保暖，防止室内外温差大而感冒。如果宝宝出门前出了一头汗，在外出的时候一定要把汗擦干，以免感冒。

# 宝宝为何老是乱发脾气

24个月以内的宝宝时常会乱发脾气。这属于宝宝早期发育阶段的一种正常生理反应。那么，24个月宝宝为什么经常发脾气呢？一般来说，容易导致宝宝发脾气的原因有以下几点。

## 1. 受挫

幼儿的生活就是一种经常遭受挫折的经历，因为他们想要的总是超出能力范围之外，自己的愿望总是实现不了。当然，他们取得成功的时候也是兴奋无比的。

### 2. 语言匮乏

幼儿懂得的要比他实际能用语言表达出来的多。在和别人交流的时候，他的愿望或想法不能用语言很好地表达出来，自然别人也无法了解，导致宝宝情绪越来越激动，挫折感也会越来越强烈。

### 3. 不能自控

大人能够抑制自己的情绪，避免感情冲动，但幼儿却不能。当他受挫的强烈情绪达到极点，需要发泄的时候，他既不能找别人诉苦，也不能憋在心里不说，怎么办呢？只有发脾气了。

另外，性格、压抑、疾病等因素也容易造成宝宝发脾气。

宝宝发脾气怎么办？首先，父母要尽量减少宝宝的挫败感，帮助其取得成功，但这不是要父母事事代劳，而是要教给宝宝正确的方法，并鼓励其尝试。其次，宝宝在向父母表达什么时，父母要尽量猜测其意图，可以结合宝宝的肢体语言加深理解。第三，趁宝宝的脾气还没有爆发的时候，要分散宝宝的注意力（这个方法对有些宝宝是有效的）。第四，学会忍受。宝宝不会一直都是一个爱发脾气的宝宝，4岁之后就会很乖了，父母要学会忍受，学会理解，经常斥责只会适得其反。

## 宝宝是爱咬人的"大鲨鱼"

咬人好像是每一个宝宝都喜欢做的事。在婴幼儿时期，还在吃母乳的时候，妈妈经常会被宝宝咬，开始可能是因为宝宝刚刚出牙，牙龈不舒服，所以需要磨牙。慢慢地宝宝大一点了，咬妈妈可能就是断奶的信号。

在宝宝快24个月了，乳牙变得坚硬起来，咀嚼能力也提高了，能够吃更多种类的食物。可是，宝宝又开始咬小朋友、父母或其他人的手指、玩具。为什么会这样？可能是牙齿不舒服，或心烦意乱，或可能是在练习说话，也许是一种情绪反应……但不管怎样，这个年龄的宝宝咬人并无恶意。

### 1. 牙床不舒服而咬人

给宝宝一个可以满足咬的替代品，比如毛巾之类的软物，还可以采用让宝宝吃核桃仁、锅巴和青苹果等方式，来缓解宝宝这一特殊时期的特殊需要。同时应多给予一些纤维较丰富的新鲜蔬菜及水果，如白菜、菠菜、苹果、雪梨等，将这些蔬果切成丝或细粒状，让宝宝有更多的咀嚼机会。

### 2. 表达不出意思而咬人

爸爸和妈妈应帮助宝宝先学会生活中的一些交往语言，同时还应当教宝宝怎样正确地使用这些语言。当宝宝因为心里不满而咬人时，妈妈要告诉宝宝，有比咬人更好的表达方式，宝宝可以说"我不要"或"我不干"等。有时候宝宝咬人，其实是因为喜欢对方，想要和对方做朋友，而又不知道如何表达，所以就咬对方，听起来好像很可笑，但这是实实在在的，是24个月宝宝特有的交朋友的方式。在这种情况下，爸爸和妈妈就要告诉宝宝如何表达，比如"我们是朋友"，"咱们一起玩"，并且可以和宝宝一起进行演示，让宝宝学会用语言和别人交流，而不是用嘴和牙齿去和别人交流了。

### 3. 把咬人当作一种发泄

让宝宝多玩安静的游戏，保证宝宝有充分的睡眠。研究结果显示：强度刺激是引起宝宝咬人的最常见的因素之一，拥有安静的睡眠并且睡眠充足的宝宝一般较少用牙齿咬人。让宝宝玩安静的游戏，可以平静宝宝的情绪，即使宝宝心里有不满时，也不至于采取暴躁的咬人行为。而且当宝宝出现不满情绪时，也可以用安静的游戏进行转移，让宝宝尽快忘记刚才的不快。

## O 型腿，不用愁

张剑的宝宝自出生之后，就是一个"罗圈腿"，当是张剑没有在意，因为所有的宝宝出生后都是这样的。现在宝宝已经12个月了，发现宝宝还是罗圈腿，张剑就着急了，以为这是宝宝的先天性疾病，急忙带着宝宝去医院检查，检查结果显示宝宝的各项指标都很正常。张剑这才放心。

婴幼儿在发育过程中，伴随着年龄的增长，会历经从膝内翻到正常，再转变为膝外翻再到正常的过程。一般来说，新生儿是膝内翻，至24个月时接近正常；24个月后逐渐成轻微的外翻，至10岁再恢复正常。10岁以后，绝大多数人会保持正常或略呈5~10度的膝内翻，这都在正常生理范围之内，无须治疗。

所以，家长在宝宝24个月前发现他是罗圈腿，不必着急，更不能用绷带把宝宝的双腿缠起来，希望借助外力强行把他的腿矫正变直。正确的办法是适当补充维生素D，同时让宝宝积极进行运动，改善肌肉张力，让腿在生长发育过程中慢慢纠正过来。

如果在10岁之后，宝宝依然有很严重的O形腿或者X形腿，家长就要考虑这种情况是不是因为佝偻病、骨骺损伤、小儿麻痹后遗症、关节炎或者发育障碍引起的，应及时就医。

## 其他能力的发展训练

### 1. 培养宝宝的创造力

望子成龙，希望宝宝将来能在事业上做出成就，这是做父母的共同心愿。家长都十分注意宝宝的智力发展和体格的发育，但常忽视了对宝宝创造力——人类智力潜能中最重要的一部分的挖掘和培养。不要认为只有那些大科学家、大发明家才具备这种创造力，应当说只要大脑发育正常，每个宝宝都具备不同程度的创造力，这种天赋要靠家长的发现、引导和栽培。儿童期正处在人生学习的黄金时期，应抓住时机，为宝宝以后的发展奠定基础。

（1）应给宝宝提供一个合适的环境

环境对创造力往往起主要的决定性作用。家庭气氛应当是充分民主的，让宝宝有充分的自主权和发言权，这有利于发挥宝宝的创造力。对宝宝的管教不要过于严厉，但又不要让宝宝为所欲为。宝宝做错事情或说错话时，不要对他严加责备，更不要体罚，应该耐心仔细地讲明错在哪里，应怎样改正。也可以启发宝宝，让其自己想象，应该怎样做才是正确的。

（2）注意培养宝宝的想象力

创造力离不开想象力，只有让宝宝不受任何常规或框框的束缚，充分发挥自己的想象力，才能使创造力在充满自由和想象的世界里体现出来。宝宝在游戏时常有明显的幻想、夸大，甚至说大话，但只要不是欺骗，应当说这都是创造力的最初表现。因为他们认为那是真的，宝宝在和父母诉说时也非常认真、生动、逼真。对宝宝某些无边无际的幻想，应当正确引导，告诉他哪些想象是可能的，哪些想象是不科学的，使他的想象尽可能符合实际。

（3）在玩耍和游戏中培养宝宝的创造力

宝宝和小朋友或者和家长玩一些拟人化、戏剧化的游戏，如堆积木、堆雪人、搭帐篷、猜谜语、绘画，以及玩泥沙，用黏土捏泥人、动物等，都可以充分发挥宝宝的想象力、创造力。从培养宝宝创造力着眼，选一些组合式、多用途而非成品的玩具，更能使宝宝发挥创造力。

家长对宝宝"创造的杰作"要给予关心，要和宝宝一起欣赏，对取得的成绩及时给予表扬和鼓励，使宝宝在创造过程中获得一种心理上的满足，保持充分的兴趣，从而继续提高和发展。

## 2. 培养宝宝的自制力

自制力是可以培养的，让宝宝从小学会控制自己十分重要。

### （1）对宝宝讲清道理，帮助他理解

宝宝正处于形成自制力的萌芽阶段，对于好吃的、好玩的大多都是难以抗拒的，但宝宝从3岁左右起，接受的社会规范、道德标准越来越多，也越来越理解其中的含义，知道做什么对自己不利，怎么做会对自己更有利。比如别人的玩具自己不能不打招呼就拿回家；不能因为陌生人有好吃的就跟着他走，因为它会给自己带来更大的损失。倘若自己可以抵制诱惑，就能获得自己最想得到的东西。这些道理宝宝是逐渐能够懂得的。父母应该在生活中多和宝宝讲，加深宝宝对正确做法的理解。

### （2）创设情境

父母应该在有意无意之间给宝宝创设情境，给宝宝施加"压力"，压力是培养宝宝自制能力的关键因素。比如宝宝在与父母外出时提出要去肯德基或麦当劳就餐，这项活动是宝宝临时提出来的，父母能否考虑考验一下他的耐力？可以对他说："家里的饭已经准备好了，如果明天去，妈妈就请你吃儿童套餐，套餐还有奖品呢，如果今天吃了汉堡和薯条，那么儿童套餐就没有了。"通常宝宝会思想斗争，然后艰难地作出取舍。倘若宝宝选择现在就吃，那只给他买吃的，不买玩具。如果宝宝同意明天去吃，则父母必须实现对宝宝的许诺。

### （3）在游戏中学习

这个游戏叫"我是木头人"。父母和宝宝站在一起，讲好不能说话、不能动、不能笑，谁先动了、笑了、说话了就算输。宝宝可能由开始的20秒钟延长到30秒、50秒，甚至更长的时间。父母在游戏中要给宝宝一些胜利的机会，让宝宝体验胜利的滋味。

### （4）表扬和奖励

宝宝在控制诱惑时，是十分痛苦难受的。非常爱吃的蛋糕放在面前要忍住不吃，特别喜欢的玩具不能玩，对于宝宝来说要付出很大的意志力。如果当宝宝做到父母的要求之后，要进行精神和物质奖励，可以给宝宝一个亲吻，可

以夸他："宝宝真棒!"这样做的目的是让宝宝觉得自己的努力没有白费，是值得的。时间长了，宝宝就分得清什么是诱惑，什么是真正的利益。以后，宝宝就会在没有他人表扬和奖励的情况下，坚持自己发展的方向，遇到困难也不气馁。因为在宝宝的内心中，已经建立起一套强大的自我奖励机制，长大以后就会成为他自觉的行为。

### 3. 培养宝宝的适应力

幼儿是否善于适应环境，是智力发育中的一个极为重要的问题。造成不适应的主要原因是幼年时期的智力发育。

人的智力，有高低之分。影响智力的高低有两大因素：一是环境，二是遗传。

遗传是先天因素，可以直接影响宝宝。环境影响却不同，它属于后天因素。如果大脑已具备了良好的发育基础，但缺乏了后天教育(即环境刺激)，智力也难以发展，特别是婴幼儿时期影响更大。所谓环境是指家庭、学校、社会以及大自然，内容包括游戏、画图、手工、讲故事，以及电影、电视、录像、录音等。只要能很好地利用这些环境条件，就能为宝宝的智力发育加快步伐，提高应有的智力水平。

大脑是一个接受、分析、综合、储存和发布各种信息的器官。如果它所接受或发布的信息越多，量越大，大脑的分析、综合或储存的活动也就越频繁，给大脑锻炼的机会也就越多，它就会愈用愈发达。所以说，脑子愈用愈灵活。一些有益的游戏、玩具，正常的学习与教育，本质上都是良好的刺激或信息，能给大脑以完善的训练，使大脑具备认识问题、解决问题和适应环境的能力，智力随之也得到发展和提高。因此家长除了要给宝宝创造良好的环境外，更重要的是要培养宝宝适应环境的能力，使宝宝善于吸收不同环境中的各种信息，从而充分发展智力。

## 小贴士

　　每一个孩子都有自己独特的发育方式，作为父母不可以准确地判断孩子什么时候可以发展到某种特定的状态，或者掌握某种特殊的技能，因此父母要仔细观察宝宝的言行举止，理解宝宝行为代表的含义，以此来判断宝宝的发展到了哪一程度。

## 第三章

# 宝宝越来越强壮（24～36个月）

## 保证营养的均衡

幼儿身体的营养来源就是食物的摄取，日常食物中所含的营养物质可以充分满足宝宝的需求，达到"平衡饮食"、"均衡营养"的要求，可以增强宝宝的体质，使宝宝的身体强壮，精力充沛，活动能力强，同时也为宝宝左右脑的发育提供了充足的营养，为成就聪明好宝宝打下了良好的基础。

在宝宝成长的过程中，每时每刻都要注意营养的均衡与全面。宝宝长到24个月大的时候，其运动量日益增大，对于各类营养物质的摄取量也明显增加。这个时期的宝宝每一天都要摄入肉、鱼、蛋与牛奶等，从中摄入大量的动物性蛋白质，以满足生长发育所需的营养。日常饮食中的豆腐、豆浆等豆制品里所含的蛋白质，对于宝宝来说也是良好营养的来源。

除了对于蛋白质的需求外，宝宝还应该多吃蔬菜、水果以及主食（其中包括米饭和馒头），以保证宝宝在生长发育阶段所需要的维生素和矿物质。父母需要特别注意在饮食上最好做到粗细、咸甜、干稀搭配均衡。

除此之外，还需要注意的就是微量元素的摄入是否适量。尤其需要注意的是碘元素的摄入。每一个父母一般都会特别关注宝宝钙的吸收量，对于碘元素的重视程度就显得略微不足。碘元素在制造甲状腺素过程中起着决定性作用。甲状腺可以适时调节体内的新陈代谢，还可以促进神经系统的发育，因此父母应该在宝宝的食物中适量加入富含碘元素的食品，比如海带、紫菜等食物。

在现在的市场上有一些含碘较多的食盐，对于这些食盐，正确的使用方法是选择在饭菜煮好之后再放入，因为碘在受热、日晒、久煮以及潮湿等一系列

条件下非常容易挥发。使宝宝摄入充足的含碘元素，不仅可以有效地预防地方性甲状腺素缺乏症的发生，而且可以保证宝宝的脑部以及身体各个方面的成长发育。

**小贴士**

以营养学的观点将幼儿的食品分为以下四大类。

第一类：蛋白质以及矿物质营养源——牛奶、鸡蛋、鱼类、肉类、豆类及其制品。

第二类：维生素以及矿物质营养源——蔬菜、水果、海藻。

第三类：糖类——以淀粉为主要成分的谷类与薯类。

第四类：热量源——油脂类以及富含脂肪的食品。

# 午后点心不可少

24~36个月的宝宝活动会日渐频繁，体力消耗会大幅度加大，食量也会增加，但是食欲却不稳定，时好时坏。与此同时，宝宝外出游玩的机会也会增多，眼界和见闻丰富了，对于食物种类的要求也会日益增多，有时候宝宝甚至会主动要求增加饮食，比如说点心、果汁之类的食物和饮品。

有时母亲会担心宝宝的食量不足，便通过午后点心来补充营养与热能。但食用过多的零食，会使宝宝在正餐时食欲降低。另外，过量摄取糖分，还容易使宝宝出现蛀牙等口腔疾病。午后点心的次数增多，口腔内残留含糖食物残渣，使口腔保持清洁的时间变短，是引起蛀牙的直接原因。

24~36个月的宝宝，已经开始懂得"等待"，如果宝宝表示还想要吃某种食物时，告诉他"已经没有了"，他是可以听懂并理解的。

对24~36个月的宝宝而言，"甜味"具有很大诱惑力。宝宝喜欢的巧克力、糖果、奶油蛋糕、糕点、各种清凉饮料、乳酸菌饮料等甜味食品，所含热量很高，不仅容易使宝宝对其他食物没有食欲，而且也容易导致蛀牙。在宝宝3岁以前，尽量不要让他食用这些味道浓的食品。

合理安排正餐之外进食的数量和时间，不仅可以补充营养与水分，对于宝宝的情绪发展也有十分重要的作用。实验表明，午后点心可以给幼儿带来精神上的安慰，能使宝宝精神振奋，达到稳定情绪的作用。午后点心每天应在固定的时间给予一次，点心的量与种类，最好根据当日的食欲与活动量来决定。如果三餐已充分摄取营养或当日运动量较少时，可以只给他补充富含水分的果汁、水果、牛奶之类的食物，并让宝宝适当休息就可以了。不规则或频繁的午后点心，不仅会引起蛀牙，还会导致食欲不振，打乱宝宝的饮食习惯，从而损害健康。

为了长久保护宝宝像珍珠般光洁闪亮的牙齿，要特别注意宝宝吃过午后点心后，要用牙刷刷牙，这一点必须在给宝宝小食品之前就跟他讲好。

## 夜里需不需要使用尿布

24~36个月的宝宝，在白天时基本上就可以撤掉尿布了，至于夜晚是不是可以撤掉尿布，就要视具体的情况再作决定。一般情况下，一些宝宝晚上是能够撤掉尿布的，比如：睡觉之前小便一次，可以一直坚持到次日早晨的宝宝；睡前解决一次小便，半夜醒来小便一次，就可以睡到第二天早晨的宝宝。

对睡前把了一泡尿，但夜里还是尿床的宝宝来说，是在夜里按时叫醒他，把尿一两次好呢？还是垫上尿布一直让他睡到第2天醒来再换尿布好呢？这就要根据妈妈的体力而定了。

## 用成人马桶还是用小儿坐便椅

小儿坐便椅是安装在成人马桶上的。有些宝宝从一开始就习惯于使用小儿坐便椅。如果准备让宝宝一直使用这种东西，最好是选择那种带有脚踏板的，以便宝宝能感觉更稳当些。家长还应该做一个稳固的脚凳或者一个结实的箱子来当台阶，以便宝宝学着一个人爬到坐便椅上去。

建议在宝宝24个月以前，应该让他使用放在便盆上的坐便椅，因为这种坐便椅比较低，很接近地板。宝宝对自己单独使用的而且可以直接坐上去的小家具有一种亲切感。他们坐在这种坐便椅上时，脚能够踩到地板，因此不会产生不安全的感觉。不要给男宝宝使用与坐便椅配套的防尿护板，因为在他站起或者坐下的时候很容易受伤。一旦宝宝被伤到一次，他以后就不会喜欢使用它了。

## 让宝宝上床睡觉

在24～36个月之间的时候，宝宝的睡眠情况存在很大的差异。有的宝宝上床之后，父母想尽办法要宝宝入睡，但最终白费心机，宝宝反而更精神了。可有的宝宝就让父母很省心，到了睡觉时间，就乖乖地倒在床上睡着了。还有一些宝宝，刚刚还和父母高兴地玩耍着，父母发现他在眼睛眯了几下后，一会儿就趴在玩具上睡着了。在宝宝的睡眠管理方面，父母应该懂得，在宝宝没有一点睡意时让其上床睡觉，是导致宝宝睡觉困难的原因之一。宝宝醒着的时候想要玩会儿，就和他玩会儿好了，宝宝困了，自然而然也就睡了。

可能有些妈妈会担心，宝宝困了也不睡，怎么办？其实，这个担心是多余的。因为这么大的宝宝不可能像大人一样，能够靠意志力坚持着不睡觉，累了、困了，也许他们会坚持一下，但通常都是一会儿就睡着了。相反，当爸爸妈妈不让宝宝尽兴玩时，宝宝非但不睡，还会闹人、发脾气。

　　这个时期的宝宝具有典型的违拗症——即拒绝妈妈或爸爸想让他做的任何事情。尽管父母认为该让宝宝上床睡觉了，可宝宝就是那样的违拗，越是让他睡觉，他越是不睡觉，就是要和父母较劲，这也是宝宝吸引父母注意力的一种方式。相反，如果父母放开不管，宝宝就没了较劲的兴致，或许一会儿就睡了。

　　宝宝上床后不能入睡，也可能是延迟性分离焦虑造成的。尽管24～36个月的宝宝坚持自立，但在看不到爸爸妈妈时，仍然会感到不安全，尤其是独自处于黑暗中时。

　　为了培养宝宝的自制力，可以让他在睡觉之前进行一些选择——比如说穿哪件睡衣、喜欢听哪个故事、在床上放哪个玩具动物等，并让他抱着让他感到安全舒适的物品睡觉，以减轻他的焦虑不安。如果宝宝在你离开之后仍然啼哭不止，在你重新回去安慰他之前，先让他自己在房间里待10分钟；之后再离开房间，等过10分钟左右再进去，这样重复上述过程。切忌不要一味地责备、惩罚他，更不要打他的小屁股，也不要用喂给他吃的或者是与他待在一起作为对他的奖励。

## 宝宝的睡眠时间

　　关于宝宝一天睡多久才合适，没有确定的答案。因为每个宝宝都是不同的。在通常情况下，24～36个月之间的宝宝可能一天需要睡9～13个小时。下午要睡1～2个小时甚至2～3个小时的宝宝，晚上的睡眠时间就会相对短一些；白天不合眼或者只是小睡半个小时的宝宝，晚上可能会一觉睡十几个小时。这里还要再次提醒父母，宝宝一天究竟需要睡多长时间，宝宝自己会知道，这是宝宝的自我保护，父母没有必要为宝宝一天的睡眠时间比其他宝宝的时间少而担心。

　　宝宝晚上几点睡觉与家里睡眠习惯有关，如果父母总是晚睡晚起，指望宝宝早睡早起是比较难做到的。可见，要想宝宝有一个良好的睡眠习惯，父母自

己首先要有一个良好的睡眠习惯。

这个年龄段的宝宝，睡一整宿觉不再是奢望了，但晚上要起来尿尿的宝宝还是不少。尿完尿后，大多数宝宝都会很快就能入睡，很少有要喝奶或要妈妈陪着玩耍的宝宝了。当然，尿完尿后再次入睡有困难，或者半夜无端醒来的宝宝也是有的。父母不必过于焦虑，可使用让其快速入睡的各种办法。

### 小贴士

一般情况下，孩子都有认床的习惯，尤其是年龄在3岁以下的宝宝，如果突然换床，那么孩子有可能出现"失眠"症状，严重者甚至会得梦游症，基于此，作为父母为了孩子的安全着想，不要轻易给孩子换床。

## 午 睡

午睡既可以消除上午的疲劳，又能养精蓄锐，保证下午精力充沛，午睡是保证宝宝神经发育和身体健康的一个重要卫生习惯。但24～36个月的宝宝白天不睡午觉的确实不少，即使妈妈把宝宝放到床上，宝宝也是翻来覆去睡不着，连眼都不闭一下，一点睡意都没有。对此，父母应该认识到：这个年龄段的宝宝，大部分时间都是在玩耍，因为玩耍可以让他感到快乐，能够更快地了解这个五彩缤纷的世界。如果宝宝没有养成睡午觉的习惯，那让宝宝在床上躺半个小时就足够了。如果说半个小时之后宝宝还没有入睡，就没有必要再让宝宝躺下去了，除非是他因为缺乏睡眠而变得易怒或者是过度疲劳。

## 需不需要独睡

满24个月的宝宝，是不是已经具有了独睡的能力呢？因人而异，没有明确的答案。父母需要根据宝宝的具体状况灵活地掌握。

如果你的宝宝一出生就在自己的房间睡小床，他可能到现在已经习惯一个人睡小床了，长大了只需要换成儿童床就可以。

也有些父母会为了喂养方便，会把宝宝的小床放在大人床的旁边，这样的宝宝24个月后独睡是没有什么问题的。但这种情况会出现一些问题：①宝宝乐于在另外的房间睡觉，但晚上醒来后会起来找妈妈。对此，父母可以立即让他重新回去睡觉，并告诉他"这是睡觉时间"，但不要责备他或和他说话，在他重新躺下后立即离开。他有可能连续几夜一次次起床，将父母逼到忍耐的极限；但如果父母能保持平静并仍然坚持一致的原则，他最终会自愿地独睡。②宝宝要求继续把自己的床放在爸爸妈妈的床旁边。如果因为把宝宝放到另一个房间而影响宝宝安稳睡眠，建议父母暂时仍把宝宝床放在父母房间，这是不会影响宝宝独立的。

另外，一直以来都是和父母睡在一张床上的宝宝，到24个月后让其独睡就有点困难了。因为这时正是依恋妈妈的年龄，让宝宝独睡，可能会导致宝宝睡眠障碍。如果在宝宝睡着后，父母将其抱到其他的房间，宝宝醒来后就会找妈妈，找不到就会大哭，而且从此不愿再离开妈妈半步，或开始半夜噩梦惊醒。对这种情况，父母可以采取先分床再分房的方式，让宝宝慢慢适应。必要时也可以给宝宝一个能够抱着的绒毛玩具，也可以给宝宝讲故事或轻轻地拍拍宝宝进行诱导睡眠，使宝宝具有安全感之后安静入睡。

由于这个年龄段的宝宝完全可以听懂父母说话的意思了，爸爸妈妈可以给宝宝讲一些简单的道理，让宝宝懂得分房独睡并不是因为爸爸妈妈不再爱他，而是因为宝宝已经长大了。同时爸爸妈妈可以把宝宝的房间布置成一个充满快乐的儿童天地，让宝宝对自己的房间充满新鲜感。

## 多大的宝宝送托儿所合适

关于宝宝几岁之后适合送托儿所这个问题，基本上没有标准限定。但通常情况下，宝宝在具备了以下几种能力之后，送托儿所就完全没有问题了。这些能力主要包括：

①能够很好地走路，会蹲下、弯腰拾东西等。

②能够用语言表达自己的愿望和要求。

③能够控制大小便，会告诉老师要大小便。

④能够自己吃饭。

⑤能够理解老师的话的意思，如上床睡觉了、要吃饭了、大家可以去卫生间大小便等。

⑥能够认识自己的小书包、衣服、鞋子等。

⑦注意力能够相对集中，会单独待一会儿。

## 选择一家适合宝宝的托儿所

宝宝到了该进托儿所的年龄，那么如何选择一家适合自己宝宝的托儿所呢？这一直是让父母头疼的一件事。好的托儿所可以让孩子接受更好的教育，对于宝宝的照顾也会更到位。关于托儿所的选择，父母可以从以下几个方面考虑。

①老师：通常托儿所老师的素质是由两方面组成的，一是相关的专业水平，再一个是爱心。专业水平主要体现在所长身上，而爱心更多的是由老师来传达。这两方面的水平，远比托儿所的名声、排场以及硬件设施更重要。

②卫生状况：厨房和厕所是体现一家托儿所卫生状况的主要地方，父母可以从这两个方面考察。

③安全状况：考察一家托儿所的安全状况，需要从细微的地方出发。比如，楼梯、墙角和桌角是否有保护宝宝的措施等。

④路程适宜：宝宝毕竟还小，如果每天路上要花费2~3个小时的话，还不如让宝宝早上多睡1小时，放学后在活动场所多玩1小时。尤其是当宝宝有个头痛脑热或是发生紧急情况时，一般父母都得赶到托儿所，路程是万万不能忽略的。

除此之外，托儿所能否提供比较畅通的父母和所长的交流通道？是否能经常组织父母参与教学或活动的项目？如果有紧急情况时，能否直接畅通地找到负责老师？这些都是要考察的。


## 帮助宝宝度过入托的适应期

满24个月的宝宝，他的独立意识已经有了显著的发展，各种情感也逐渐形成，因此，有时候宝宝的感情十分强烈，情绪也极其不稳定。对于这么大的宝宝来说，如果现在让他离开父母进入托儿所生活，这样会加剧他内心的不安。

父母可考虑安排7~10天左右的时间，让宝宝逐渐熟悉托儿所。这个时期正好是宝宝希望结交朋友的时期，如果建立起妈妈会在固定的时间来接自己回家的信任感，宝宝就会逐步适应托儿所的生活。假如没有这一段适应的过程，有的宝宝会从最初的哭泣、讨厌去托儿所，发展到拒绝去托儿所。由于各个家庭的具体情况不同，虽然有极少数的父母将此适应期缩短了，可是，从实际情况来看，这样做的结果并不好。而且，在宝宝初入园时，托儿所方面应该注意多与各个家庭保持联络，以便适当照顾到宝宝过去的生活习惯，逐渐让宝宝习惯托儿所的生活规律。要想满足宝宝所期望的生活规律，就必须使托儿所与家

庭充分协商、共同努力。

如果在宝宝进入托儿所之后还不能够保障身心得到全面健全的发展，作为父母可与当地的相关专业机构互相配合。如果是宝宝自身存在缺陷或是因为家庭情况让宝宝的发展情形遭到扭曲，根据具体情况，在寻求协助的方式上也会有所不同。希望父母和福利机构、保健所、医疗机构、社会工作者、保健医生等相互协商，互相配合，给宝宝一个健康、幸福的童年。

## 让宝宝练就好身手

健康的宝宝大多会尽情玩耍。各种游戏对宝宝来说，不仅能增强肌肉的锻炼，而且对呼吸及循环功能的改善有着非常重要的作用。运动可以刺激宝宝的运动神经，训练宝宝的灵巧性。父母应有意识地利用一切机会，让宝宝在走、跑、跳的活动中，锻炼身体各部分的功能，增强身体的协调能力。

### 1. 走

在日常生活中，宝宝走路的机会很多，如饭后散步、周末或节假日到公园玩等，此时，父母应尽量让宝宝自己走路。倘若只是单纯走路，宝宝过一会儿就会感到无聊，所以要不断变换走路的方式，如一会儿快走，一会儿慢走，或是有节奏地和着音乐的节拍走，也可以牵着宝宝的手走台阶等。只要宝宝感兴趣，就让他充分地走，当然注意不要让宝宝走得过于疲劳。

在纠正宝宝走路姿势时，应充分考虑到宝宝喜欢模仿和想象力丰富的特点。比如，有的宝宝走路低头，父母可以告诉他："如果你不抬头走路，就快像一个老爷爷或老奶奶了。"由此来激发宝宝纠正姿势的动力。

走路本身是一种单调的、枯燥的运动，若是把走路变成一种愉快的运动，既有益于骨骼和肌肉的发育，又有利于宝宝智能和身体协调能力的培养。有的父母和宝宝一起出去，会因宝宝不与自己同步而感到心烦，总是把宝宝叫回来与自己保持同步，宝宝想走走台阶或马路牙子也不行。这样会使宝宝感到与父母一起走路索然无味，时间长了就没有兴趣，不利于宝宝的身心发展。

## 2. 跳

跳可以训练宝宝的平衡能力，跳要比跑和走都有难度、有技巧。应引导宝宝去想象他们喜欢的小动物，如小白兔、青蛙等，让他们一边想象一边模仿，跳得有节奏，并保持好身体的平衡。还可以让宝宝练习左右脚踢沙包、踢毽子等游戏。

跳跃的练习要循序渐进，运动量不能过大，时间不宜太长，不然会加大宝宝关节的负担，使肌肉疲劳，造成不良的后果。

## 3. 投接

投接不单纯是一种上肢运动，也是手、脚、脑并用的协调训练，可提高宝宝运动神经的灵巧性。有些宝宝在玩投球动作时，抱着球不知往哪里投，或是顺手丢在地上，也有的宝宝对迎面过来的球不敢接或不知所措，这都是协调能力不强的表现。父母应找机会培养宝宝的反应能力和灵巧性。最适宜的办法是带领宝宝到操场去扔沙包，以此锻炼宝宝的投、接能力。

## 4. 滚翻

使身体弯曲进行滚翻，是练习腹肌的最好办法，也是宝宝最爱玩的运动。可在沙滩、草地或床上进行。让宝宝双手抱住双膝，身体缩成一团，父母轻巧地一推，宝宝便尝到滚翻的乐趣。脚的弹力、腹肌、平衡能力均可得到锻炼，从而使宝宝更富有灵巧性。

### 小贴士

宝宝在能够下地玩耍的阶段，不要让他远离父母，这样，孩子可以随时看见父母，向他们发出声音，听见父母对他说话。不能让他长时间坐在父母的腿上，也不能总是抱着他逗他玩耍。

## 跳跃性运动

12个月的宝宝就已经开始慢慢尝试着跳上跳下等活跃性、危险性的动作。虽然，宝宝在12个月的时候，他的肢体动作还不能算是非常灵活，经常会发生失衡、双脚不同时落地或使屁股摔坐在地上的事情，而24个月的宝宝就已经完全行动自如了。

这个时期的宝宝已经具备了模仿的能力，他之所以会做出蹦跳动作，就是在效仿大人的动作，有的是在电视上看到了类似的动作。蹦跳同样是遵循"新学会的能力—反复实践—尝试"这一发展的规律。对于一切都充满兴趣的宝宝会连续不断地蹦跳，有时候会从沙发上面往下跳，对于这样危险的动作家人应制止。如果周围的条件允许，父母要尽可能地实现宝宝的愿望，让他随意蹦跳。除此之外，要多多安排宝宝到户外走走，也可以在适合的场地让宝宝尝试着向下跳，比如低台阶、沙发、小坡以及楼梯的最低一阶等，但要牵着宝宝的手，让他安全地跳下去。对于宝宝来说，往下跳是一种对自己的挑战，需要鼓起勇气。如果成功，那么这是对宝宝非常大的一种满足。

有一些宝宝因为恐惧没有胆量向下跳，这时父母就应该牢牢牵住宝宝的小手或是用自己的大手紧紧撑着他的腋下，让宝宝有安全感，同时还要告诉宝宝"你可以"，鼓励他，给他足够的勇气。父母一定要记住不要强迫自己的宝宝向下跳，若是在他安心的前提下可以多跳几次，觉得好像没有想象中那么危险，在他的内心逐渐建立起了自信，就会开始想要跳。对于那些害怕往下跳的宝宝而言，大多是因为胆怯。对于这种宝宝可以选择在平时多带宝宝外出活动，在玩的过程中，时不时加一些举高、倒立等动作，这样可以充分锻炼宝宝的胆量，逐渐克服内心的恐惧，让宝宝不再感到害怕。

**小贴士**

单脚站立不需要进行特别训练，可以教宝宝做模仿相扑运动员，两脚交替用力踏地的准备运动，或是教宝宝单脚站立、两手臂平伸，模仿飞机飞行的游戏。

## 被动式的运动

24个月的宝宝非常喜欢与大人们在一起玩，尤其是喜欢做剧烈的晃动、旋转等一些凭借自己的能力无法做到的运动，因为日常生活中没有这样带有刺激性的活动，所以会调动起宝宝的热情。当然，这样玩耍，对于父母、保姆来讲，也会感到非常愉快、满足。例如，握住宝宝双脚的脚踝，将其倒立；让宝宝双手向前支撑，弯腰、翻筋斗；模仿相扑运动员的游戏，发出可以开始的口令，两人双臂架住、一边使劲"嘿哟"，然后把对方扳倒、摔出去。

聪明的家长们可以再想想其他各式各样的游戏方法。像这样被动式的运动，对于宝宝而言，是与大人愉快相处的机会，也是体验自己不能做到的姿势与运动的好机会，这些体验会成为宝宝自发进行运动的基础。例如，在大人帮助下翻筋斗的体验，使宝宝了解到翻筋斗这项运动，渐渐地学会自己翻筋斗。这种做各种姿势、运动的体验，可以在整体运动技能的培养方面发挥良好作用。

## 随电视节目起舞

倘若你能仔细观察，就可以看到，你的宝宝从12个月左右开始，就会跟

着电视上的幼儿节目或者舞蹈音乐而扭动身子，但是此时只是感受到乐曲的节奏而扭动身体。到了24个月以后，姿势会逐渐地与电视中的动作相吻合。虽然动作还不大连贯，但是已经可以大致跟随旋律起舞，偶尔某一段还能舞得很连贯。小男孩到了36个月，还会模仿电视节目中勇士（某某英雄等）的姿势"变身"，这种情况从运动这个角度来思考，意味着宝宝已经能够对动作进行模仿和记忆了，蹦蹦跳跳更是说明宝宝在平衡性的保持上已经完全没有问题了，即使是一连串的动作也不在话下。

## 利用运动器具

24个月的宝宝对滑梯、秋千、三轮车等运动性器材表现出浓厚的兴趣。玩滑梯时，能够登上阶梯以坐姿下滑，有时还会模仿其他年龄稍大的宝宝，用腹部紧贴滑板滑下。不过24个月的宝宝有时注意力不够集中，在爬阶梯的时候，会不小心踩空，要特别注意看护。游戏的时候，宝宝们经常依照次序排队，互相争抢着往上爬。有时有的宝宝等不及爬阶梯，而在其他小孩想要往下滑时，直接从滑板往上爬。看到宝宝有这种行为时，应该教育宝宝依序排队，避免推挤而发生危险。

此时的宝宝还不会自己玩秋千，如果大人从旁边支撑幼儿的身体，帮助晃动秋千，宝宝会觉得十分开心。

24个月的宝宝对三轮车也很感兴趣，虽然还不会踩脚踏板，只能采用双脚蹬地的方式使之前进，而且也无法灵活地转动方向。如果是小型三轮车，有些幼儿就能自己踩脚踏板。由于操纵三轮车需要眼睛确认行驶方向、双手操纵方向盘、双脚踩脚踏板，是相当高度协调的动作，因此可以积极引导幼儿多玩这种类型的器具，对宝宝运动机能的发育会有很大的帮助。

## 球类运动

　　球类运动也是24个月的宝宝非常感兴趣的活动。宝宝在玩球的过程中，可通过接球、投球、踢球、奔跑、拍球等动作，体验各种运动技能。

　　根据研究，待宝宝过了24个月后，对于正在滚动的球，逐渐能判断球滚动的速度，使球停下并拿起来。当然，这种能力每个宝宝都有一定的差异。有些宝宝能够判断球滚动的速度使球停下。也有的宝宝会在球已滚过身旁之后，才跑过去追。

　　宝宝掷球的动作，刚开始与其说是"掷"球，还不如说是走到对方身边将球抛掉。到了18~24个月，才会出现一手抬至肩上投球的动作。踢球也是宝宝到了18个月之后才会出现的情形。

　　球有各式各样的类型与大小，父母们可以准备一手就能握住和必须用双手才能控制住的几种不同大小的球给宝宝练习。

## 2岁宝宝的语言发展

　　24个月的宝宝已经具备了对自己感到疑惑的事情提出质疑的能力，会反复地问爸爸妈妈"这是什么"、"那是什么"。学者们将这个时期叫做"第一期语言获得期"。

　　"这是什么？"

　　"是花，漂亮的小花。"

　　"那个呢？"

　　"那也是花。"

　　"那个？"

　　"啊，那也是花儿，不过还没有开，很小，还是花苞。"

　　"花苞？"

"是没有开放的花。"

像这样，宝宝会一个接着一个地问"这是什么"、"那是什么"，这表明宝宝开始对语言表现出强烈的兴趣。而这样的兴趣，可以使他逐渐了解新的语言，并将其变成自己的语言。因此，请热情地接受宝宝"这是什么"、"那是什么"的发问，并尽量耐心地给予正确的回答，这对帮助宝宝提升语言能力十分重要。

事实上，宝宝在1岁生日前后开始说第一句话，到24个月前后语言的增加数（在此之前首次使用语言的数量）大致为300字左右。从2岁生日到3岁生日，开始使用600个左右的新字。宝宝的24个月时期，是"第一期语言获得期"。而且，这个时期，由于宝宝对物体的名称特别感兴趣，因此也被称为"命名期"。通过反复问"这是什么"等问题而记住的单句，宝宝也会寻找机会，再次使用这个单句。例如，每次经过同样的地方时，会高兴地说"花还在那儿"，看见图画书，就会向你报告他所知道的"有花儿"、"有叶子"等，并且将自己描绘的各种图案标注上"这是花"等，将积木递给你时说"请吃蛋糕"。

在宝宝对"这是什么"、"为什么"之类的内容发生兴趣的同时，还发现用这种发问方式可以向对方提出话题，因此，有时虽然明知道答案，也会因为想多与母亲说话而故意问"这是什么"，当大人意识到这一点的时候，可以试着反问宝宝一句"这是什么呢"，或装作十分为难的样子说："这个，这个，这是什么呢？"聪明的小宝宝就会立即抢着回答说："这是吸尘器呀！"这样的目的，就是为了调动宝宝的积极性，让宝宝在生活中找到乐趣，使令人觉得枯燥的问题，变成与宝宝一同分享语言游戏的欢乐。

## 反抗期的语言问题

24个月左右的宝宝正处在一个"多语句、从属句"的时期。宝宝最先表达的语言是类似于"ma-ma"的一个单词。而类似于"爸爸、公司"这样的句子中就包含了两个单词，称为"词语"。如果是三个单词以上，就称做"多语句"，"做了很多好吃的"、"医生打了这里"等，将自己掌握的语言排列起来，稍稍能够更生动地表达自己的感情。

从30~36个月的宝宝，开始进入所谓的"反抗期"。过去，所有的事都顺从大人，对大人的话单纯地听从。但是宝宝现在开始会说"不"或采取反抗的态度，常常问"为什么"。"反抗期"的出现，才能让宝宝学会"因为……"、"为什么"之类的复杂句子，从而产生更深层次的心理需求。

宝宝到了"反抗期"，大人会在不知不觉中增多了"快点吃"之类的命令与指示的语言，"不是告诉过你不要做吗？"等表示禁止的语言，以及"不能做这样的事情"等表示否定的语言。这也是由于宝宝正好处在最顽皮的时期。这并不是说要全部否定上述的句子，而是成人想要禁止或是指示时，可将这些句子改换结构，用来作为扩展宝宝语言能力的一个机会。一般的命令、禁止句，都是简单的否定句形式，可以改用从属句式的说法："因为要去奶奶家，所以今天要吃快一点，奶奶正在家里着急地等你。"所以，当你想要说命令式的句子时，可以多想想，多创造一些培养宝宝语言能力的机会，尽量变换说法，使语气缓和一些。

### 小贴士

当幼儿说话时，不可轻易打断幼儿的话，要耐心地倾听，尽可能地让幼儿把话说完整。幼儿想说的多是自己的要求或感受，尤其是他感到好玩的或是害怕的事，但成年人往往会忽视这个问题，不注意听孩子所说的话，经常这样，会挫伤孩子表达的积极性。

## 口吃的宝宝

据研究，患口吃的人80%是从2～4岁左右开始的。2～3岁的宝宝中，很多宝宝都会自然而然地用与口吃有些相似的语气说话。这是由于语言急速增多，想说出许多的话，但在面对对方时，说话的能力还不够，所以不知不觉中变得有些口吃。但是，如果反过来思考，这也足以证明了宝宝想要掌握语言的意愿十分强烈。因此，这种现象是成长期中的正常现象，不需要过分地担心。

美国学者约翰逊认为："如果宝宝被父母确认为口吃，就会真的成为口吃。"这就是说，如果对宝宝自然的口吃过分担心，反而会带来不良的结果。特别是双亲中有人患口吃，就会更加敏感，宝宝稍有点口吃，就容易对宝宝说："慢慢地，再说一遍。"这样很容易让宝宝意识到自己的说话语气不自然。所以，在宝宝正常说话或者即使有些口吃时，都必须在一种轻松的气氛下倾听，这一点是非常重要的。

## 开始说"谎话"

老师从小就教导宝宝不要说谎。父母也对宝宝说："说谎话的宝宝不是好宝宝。"但是在培养宝宝语言能力过程中，宝宝能够"说谎话"其实是一个很大的进步。

有的学者对宝宝"说谎话"有如下的叙述：27个月的宝宝常常尿裤子。一开始，当妈妈一边用布擦干净，一边问宝宝"这是什么"时，宝宝会非常难为情地说"尿"，但有时又会回答"水"。对此，宝宝已经能够通过"说谎话"来设法摆脱自己尴尬的处境了。

宝宝是在"现在"、"这里"亲眼见到实物的基础上开始说话。例如，在语言发展的最初阶段，语言与实物处于非常近似的状态，很难用语言说"谎话"。可是，后来就可以通过语言来表达"这里没有的事情"和"没见过的东西"等。语言的力量还在于能够通过它来表述一些想象的事物和从没见过的事情。说谎话正说明宝宝语言的发展更进了一步，能用"现在"、"这里"等表示具体情况的语言来叙述没见过的事情。有些学者将此称为"谎话的作用"。对这个时期"说谎话"的宝宝，最好能以一种宽容的态度去对待。而且成人也应积极培养这方面的能力。当然并不是说让成人也说谎话，而是给宝宝讲一些传说或故事。仔细想想，传说与故事大多都是虚构的，在传说与故事中，既有似乎可能发生的事情，也夹杂有虚幻的谎话。而且，这些都是用语言构成的虚幻世界。比起头脑中固守的"不能说谎话"的观念，与宝宝一起编造扑朔迷离的童话世界，培养宝宝的语言能力不是更好吗？

## 语言发展迟缓与婴儿语言

细心观察宝宝掌握语言的全过程，一般来说12个月前后的宝宝就已经会说"叭叭"、"汪汪"等单音字的用词，到了18个月的时候，已会说"汪汪来了"等双语句。到了24个月的时候，宝宝的语言表达就更顺畅了，可以把单词并列组成"爸爸去公司"这样简短的句子了。经过这样的阶段，到了3岁前，就可以自由流畅地说话了。不过因为有个体的差异也有早晚之分。

宝宝语言发展迟缓的原因不外乎是：父母不常和他说话；或者是在宝宝想说话时，被父母抢先说出，宝宝显得没有说任何话的必要；总是用婴儿语言和他对话，使宝宝的语言发展显得落后许多。"婴儿语言"，是指婴儿容易发音的单词，主要是指"汪汪"、"咩咩"、"嘟嘟"之类的拟声语。这种拟声语对宝宝将来发出各种发音有着重要的作用。但是，随着宝宝一天天长大，父母应逐渐减少使用婴儿语言。

父母们都想尽早教会宝宝使用正确的语言，但要避免填鸭式的教育，偶尔也可保留一点婴儿语言，让宝宝体会语言的乐趣。另外，也不要过分注重发音，只要将宝宝感兴趣的部分语言化即可。

因此，需要成人仔细、认真、深情地倾听宝宝说话，并且耐心等候他把话

说完。如宝宝想吃蛋糕时，不只是要他说出"蛋糕"，而且要等他完整地说出"给我蛋糕"。

对宝宝语言的要求注意不要过于苛刻。即使是有错误，也不要——地提醒，只要将正确的语言重复地讲给宝宝听即可。宝宝反复听相同的词汇，在模仿的过程中，就可以逐渐表达正确。尽量多对宝宝说话、唱歌，进行语言方面的刺激，让宝宝对各种事物都产生广泛的兴趣。

特别需要提醒家长们注意的是，不要老是拿对待婴儿的态度对待24个月大的宝宝，应该允许他们自由地运动和玩耍，培养他们的独立性和社会性。要给他们更多自由的空间，通过各种集体生活，积累生活经验，在与小伙伴玩耍的过程中，增强宝宝的语言能力。

## 如何打扮宝宝

24~36个月的宝宝虽不懂得美丽、漂亮的含义到底是什么，但他们已经知道打扮得漂亮一点就会得到大家的夸奖，会让大人更喜欢自己，所以他们会对着镜子欣赏自己的衣服，还会自主选择自己喜欢的衣服。那么，父母如何打扮宝宝呢？

妈妈和爸爸在打扮宝宝的时候，保持服装的整洁卫生是最基本的。整洁与卫生是美育的重要内容，它本身就给人以美感、快乐。如果宝宝的衣服整洁，即使质地、式样一般，也会引人喜爱，给人以美感和快乐。反之，如果一个宝宝的衣服质地与式样都非常华丽，但皱巴巴的、脏兮兮的，照样让人觉得不舒服。

宝宝天性活泼、好动，给宝宝的衣着要裁剪得体，美观大方，不要选择样式奇异的服装，衣服上的装饰品也不能太多。样式奇异的服装，如"紧身式"的服装，不仅不利于宝宝的运动和生长发育，而且还会削弱宝宝健康的自然美。如果衣服上的装饰品太多，将会限制宝宝的活动，给宝宝爬、跑、跳、攀登和做游戏时造成影响。

由于宝宝正处于生长发育迅速的时期，宝宝服装的色彩要鲜明、协调，色彩对比不能过于强烈，以免宝宝有眼花缭乱的感觉。

宝宝的穿着打扮应符合宝宝的性别。有些家长因为喜欢男孩，就把自己的女孩打扮成男孩样子，给她剪短发、穿男孩的衣服；也有些家长认为女孩好，就把男孩打扮成女孩样子，给宝宝扎辫子、穿裙子。这样错位的打扮不仅有害无益，而且还会影响宝宝的身心健康。此外，宝宝不宜留长发，因为这样会给宝宝和大人都带来麻烦。

另外，这个时期的宝宝特别喜欢穿着父母的鞋子在屋里来回走动，还会时不时地站到镜子面前自己欣赏一番，看着爸爸的大鞋、爸爸的帽子，就傻呵呵对着镜子笑。有时候，一些女宝宝还拿着梳子走到镜子面前为自己梳头，美美地打扮一番，甚至还会拿着妈妈的口红往自己的口唇和脸上乱涂。对待宝宝的这种偏好，父母不要大呼大叫，否则会让宝宝认为自己犯了大错误而影响宝宝的探索精神。

## 不要给宝宝穿露脚趾的凉鞋

据有关统计数据显示，在每一年的夏季，在宝宝脚趾受伤的案例中，有很大部分是因为穿了裸露脚趾的凉鞋所造成的。

因为宝宝还小，他的动作还不够灵活，身体协调能力也很差，但是他又非常好动，一刻也不愿意安静，如果穿露脚趾和脚后跟的凉鞋的话，宝宝的脚容易碰到地上突起的硬物或者石头而受伤。当宝宝拿着较重的东西不小心掉下来时，也很容易让脚受伤害，重者造成指甲脱落，甚至趾骨骨折等。所以家长最好给宝宝穿包住脚趾的凉鞋。

## 慎穿气垫鞋

许多父母为了使宝宝避免遭受运动伤害，给宝宝配备了气垫鞋。但专家表示：不是所有的宝宝都适合穿气垫鞋，尤其是刚刚能跑稳的24个月左右的宝宝。宝宝的脚尚在发育之中，穿薄底的鞋有利于脚部充分接触地面，令足弓和脚部肌肉长得更好。而穿厚底鞋或者有气垫的运动鞋，会令宝宝足部发育不良。并且研究证实，气垫的高度也是影响人体健康的一个不容忽视的因素。比较典型的就是鞋底过高所引发的一系列的足病，比如脚拇指外翻、平足症等。另外，鞋底的高度还对脊柱产生间接性影响，随着高度的增加，腰椎和颈椎的受力越来越集中，形成慢性损伤，最终导致腰痛和颈椎病的发生。

## 宝宝看电视须知

宝宝喜欢看电视，父母很为难。一方面宝宝看电视会影响视力，导致近视；另一方面电视的音量会摧残宝宝的听力，等等。总之，宝宝太小不适合看电视，如果宝宝执意如此，作为父母应该怎么办呢？如何让宝宝看电视？父母需要掌握以下几点。

①避免时间过长：每天宝宝看电视的时间在40分钟左右为最佳。

②避免距离过近：通常情况下，在宝宝看电视的时候，宜将宝宝的座位放在距离电视屏幕2.5~4米的地方。

③避免电视机的声音过大：受到较高音量的刺激时间过长，不但对宝宝的听力有所影响，更会导致宝宝的视觉感受性下降。

④避免坐姿不正：在宝宝看电视的时候，由于长时间的坐姿不正确就会逐渐养成不良的坐姿习惯，这样一来很容易使得宝宝还未发育成熟的脊柱发生变形弯曲。

⑤避免饭后即看：晚饭过后，父母可以引导宝宝做一些活动，之后再去

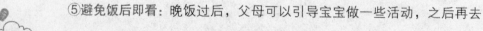

看电视。

⑥避免观看功夫、侦探题材的电视节目：经常观看武打凶杀片，不但让宝宝长期处在紧张和恐惧的状态之下，影响宝宝的身心健康，且容易让宝宝产生好奇心理，对此进行模仿。

⑦避免小儿患上电视孤独症：宝宝若是迷恋上了看电视，进而对电视节目感兴趣，对于周围的一切事物都显得漠不关心，长此以往，就会养成宝宝孤独的性格，严重者可能会出现反常心理。

⑧避免让宝宝躺着看电视：躺着看电视很容易引起眼睛的视觉模糊与视力下降，严重者会造成散光，以及失眠、神经衰弱与腰背酸痛等不良后果。

# 易发事故与安全对策

培养宝宝内在的、健康的生命力，为宝宝营造一个健康、安全、愉快的家庭生活环境，让每一个宝宝颇具活力，这是父母的责任和义务。在日常生活中，如何防范各类意外呢？

12个月的宝宝易发生的事故绝大部分是身体失去平衡导致摔倒或摔伤，这是因为他们的身体运动机能还未成熟。而24～36个月宝宝则常常是因为不能预见危险而招致事故发生。其次，情绪不稳、依赖感强、动作过快或动作过于迟钝的幼儿也容易发生事故。另外，玩伴之间的接触，也有可能出现事故。据调查，在24～36个月的宝宝的日常学习和生活中，以下事故屡见不鲜。

①被坐垫绊倒而撞到桌角。

②踩到塑胶桌布，脚下打滑，撞到桌角，碰掉牙齿。

③从滑梯下面往上爬，与向下滑的幼儿冲撞。

④想要攀登阳台上的铁栅栏，失败后跌倒甚至坠落。

⑤24个月的宝宝想要坐上三轮车时，大宝宝伸手帮助，结果未能掌握平衡，人车翻倒。

⑥小宝宝坐滑车，大宝宝在后面推，由于手突然放开，滑车翻倒，小宝宝

受伤。

⑦想要从平衡木上跳下，后脑勺撞到平衡木边角，伤口开裂。

⑧在与朋友争抢过家家游戏的平底锅时，平底锅击中头部。

⑨拿着纸与笔寻找书写场所，撞到别人的背部而摔倒，被铅笔刺中。

⑩拿着折断的筷子奔跑，戳中脸部。

⑪在户外活动时，从公园的滑梯上摔下。

⑫在小孩争抢图画书时，由于一方将手松开，另一方因惯性而向后倒，跌倒。

⑬小孩乱扔积木，击中头部受伤。

⑭从攀登架上向下撒沙子，沙子迷住了其他宝宝的眼睛。

⑮模仿坐电车游戏中，进入"电车"的人过多，"电车"翻车，小孩一个个都摔倒。

⑯用食指插入宠物笼的金属网中而被卡住。

⑰想要拿取壁橱上的玩具，碰倒旁边茶具中的热茶而被烫伤。

以上事例，虽然不是造成死亡的重大事故，却常常会发生在小朋友身上，造成不同程度的身心伤害。父母必须防范于未然，防止事故发生或将其控制在最低限度。

## 不要吓唬宝宝

吓唬宝宝很有效，但很愚蠢。比如，爷爷、奶奶追着孙女喂饭，追累了就喊："再不好好吃饭，警察就把你抓走。"哄宝宝睡觉的妈妈如果很累，会说："快点儿睡吧，否则大灰狼会把你叼走。""别闹了，大老虎要来了。"宝宝怕打针，父母就说："不打针你会病死的。"有的爸爸甚至会用"再闹我打死你"之类的话威胁宝宝。

吓唬和威胁是大人无能的表现。它传递出这样的信息：我们对你已经无可奈何，让一种可怕的东西代替我们吧。结果要么是让宝宝莫名其妙地恐惧，要么根本不起任何作用。例如，有的宝宝长大后仍然害怕一些莫须有的东西，胆小、总是想象可怕的情景；还有的宝宝对大人严厉的警告当做耳旁风，因为爸爸已无数次说过打死他，但从未付诸行动，威胁、恐吓也就毫无实际意义了。

## 给宝宝富有变化性的玩具

为了增强宝宝的创造能力，可以给他们买一些能够拆卸组合而且具有可塑性、变化性的智能玩具。让他们可以按照自己的想法对玩具进行随意改装，这样做的目的是为了扩大宝宝的想象空间。经常用这样的玩具做游戏，可以让宝宝的手指得到锻炼，同时，宝宝的自由思考的能力也会由此而萌生，从而达到开发宝宝创造力的目的。

那些昂贵的汽车、火车等模型玩具，缺乏变化，也无法按宝宝自己的想法改变游戏方式，因此不需要给宝宝这类玩具。

为了锻炼宝宝的思考能力，使创造性得以不断发展，可以让宝宝使用身边常见的折纸、报纸这类的东西，做出各式形状的物体。更可以给宝宝几支画笔，让他们任意涂鸦。增强宝宝的创造性，并不需花费很多的金钱，只要你肯动脑筋，生活中到处是可供宝宝玩要的道具。

## 其他方面能力的发展与训练

### 1. 视觉能力

24～36个月的幼儿，不仅能够辨别不同的颜色，认识不同的物体，眼睛的协调能力也有很大的进步。但有时候，父母可能会发现宝宝在注视某一物体时，会有出现对眼的情况。这不是病理情况，而是幼儿的眼肌和动眼神经还没有发育完善造成的。

相比对眼来说，屈光不正是幼儿比较多见的眼病。如果是屈光不正，建议宝宝3岁以后进行视力检查，争取4岁前纠正。另外，高度近视会遗传给下一代，是否有家族史，这些都需要考虑到。

对24个月多的宝宝来说，通过视力表检查视力是比较困难的，当然也有些宝宝在快36个月时可以使用视力表检查（一般要到4岁才能使用）。那么医生如何检查婴幼儿视力呢？他们通常是以宝宝瞳孔对光反应的快慢和眼是否跟随手电光转动，或以手突然接近眼部，观察是否有瞬目反射（当角膜受到轻微刺激时，眼睑快速闭合）来测知宝宝的视力情况。

## 2. 模仿能力

从24个月左右开始，宝宝的模仿能力就会有显著的提高。这种模仿能力对幼儿来说，也不失为一种学习。就如同用耳朵听周围的人讲话，然后鹦鹉学舌，用这样的方法进行语言的学习。生活行为也从模仿周围人的动作而逐渐熟练。因此，这个时期的模仿，是走向独立学习的第一步。

大多数宝宝会以父母为模仿对象，有的会以年龄相近的哥哥、姐姐为模仿对象。在托儿所，经常可以看到24个月的宝宝仔细观察稍大宝宝的行动，并认真模仿。

当然，朋友也会成为模仿的对象，电视节目也会被宝宝有效利用，甚至有时与宝宝最亲近的动物也会成为模仿的对象。通过巧妙的引导，便可将这种倾向用于培养宝宝良好的生活习惯。例如"过来和爸爸一起咕嘟咕嘟地漱口、刷牙"、"来和妈妈一起洗手手"，并鼓励他说"好像小大人一样了"之类的话，会让宝宝十分高兴地去做。

但是，大人无意中所做的动作，也会被宝宝模仿。在这个时期，不宜让宝宝学会的动作，大人要切记勿做。想要让宝宝养成良好的生活习惯，成人就必须做到以身作则。

模仿的另一表现是想要"帮忙"。说是想要帮忙，其实是想自己做一做母亲或保姆正在做的事。真正做起来，会用吸尘器将垃圾弄散以致四处飞舞，在厨房把地弄湿，把清洗剂弄洒，将书架上整齐排列的书——地抽出来……如此帮忙其实完全是某种好奇的尝试。

父母不希望宝宝做带有危险性的事，所以千方百计禁止或阻止宝宝做事，但是对宝宝来说，能同大人做一样的事情是一件非常快乐的事情。作为家长最好是在没有危险性的情况下让宝宝做尝试，如将鞋子收整齐，将筷子和碗并排放置等，一点点地让宝宝尝试，他会慢慢做得很好。父母应该知道，模仿是宝宝学会自主生活的最好方法之一。

### 3. 自立能力

宝宝到了24个月时，依靠自己的能力解决问题的欲望就更加强烈。他们自我主张的行为，在日常生活中的各个方面都可以表现出来。

大多数满24个月的宝宝，吃饭的时候可以使用汤匙独立进食，但也有不大会用汤匙的宝宝，打翻的饭菜比吃进去的还多。这时父母自然就想喂宝宝进食，但一定会遭到宝宝的拒绝，有时宝宝还会扔下汤匙，干脆用手抓着进食。还有即使到饭桌前就座，也会坚持自己独立坐到椅子上去，有时看起来像是要从椅子上摔下来，使得在旁边看护的父母紧张不已，如果爸妈插手帮他，就会抗议甚至大哭。此时，父母可以考虑制作便于宝宝攀登并坐上去的椅子。

穿脱衣服的情况也是相同。有时宝宝会坚持自己穿袜子而且丝毫不让步，却还不懂得区分左右脚，以致无法顺利地将袜子穿好，这时他会着急地哭起来，想要得到母亲的帮助。已经能够自行脱裤子、裙子的宝宝，对穿有纽扣的衬衫还相当困难，试了好几次都穿不进去，此时也会急得大哭起来。

所以，在宝宝24个月的时候，他在饮食、穿脱衣物等各个方面都会表现出很强的自立性，却又常常因为自己的能力有限不能够顺利做好想做的事而乱发脾气，因此通过宝宝平时的表现，父母可以摸透宝宝的性情，也能让宝宝逐渐学会控制自己的情绪。在一旁看护的成人，看到宝宝跌倒时就会情不自禁地想要伸出援手帮忙，但是看护人的帮助越多，对于宝宝自立能力的培养就越不利。因此在宝宝寻求帮助之前，最好安安分分扮演看护者的角色。

### 4. 意识能力

宝宝到24个月的时候，会意识到有人在周围观看自己的行动。比如，在面对照相机的时候，可以意识到是在为自己照相而面带微笑；如果是家中来了陌生人，就会表现得比平时更为听话。宝宝自己可以在一定程度上意识到旁观者对自己所做的事情的评价，因此会做出配合对方的举动，但不能长时间保持，很快就会变得无法忍受。因此，如果反复让他面对照相机，宝宝就会嘟嘟囔囔地开始觉得厌烦；客人初到时宝宝还比较安静，过一会儿又会开始顽皮起来。

而且，宝宝已能够意识到自己的立场，采取与自己立场相适应的行动。例如，1岁时还离不开奶瓶，过了24个月即使没有奶瓶也可以进食。或许是因为见到与自己相同年龄的宝宝已经开始用杯子喝牛奶了，因此也会向大人要求用杯子喝牛奶。与妈妈外出购物时，虽然想要妈妈抱，但看到其他宝宝都被妈妈牵着手走路，也可以暂时忍耐。

但是，这种忍耐并不是一直都能坚持到底的，如果宝宝情绪不好时，就特别不能忍耐。想要让宝宝达到完全符合儿童行为的标准，还会有许多的困难。因此，最好不要对他们抱有太大希望而勉强他们。

父母可以利用24个月的宝宝已能意识到别人的目光与自己的举动，而使用一些限制宝宝行动的语言，例如"这么做，难到不害臊吗"，"其他小孩都没有这样子哦"，"没有好宝宝会这样做的"，等等。

24个月的宝宝已经具备了自制力，在一定程度上顺从父母的意愿稍稍忍耐，但是还是不能够完全控制住自己。如果宝宝有所忍耐，父母就应适当地给予奖励。

### 5. 教宝宝学会分享

24个月的宝宝就已经学会简单的分享了，虽然只是轮流玩这种小事，父母也应该感到高兴，因为这就为宝宝以后的人际交往奠定了基础。在教导孩子分享这件事情上时，需要父母懂得一些教导技巧，就像是父母教会宝宝认识颜色和形状一样。在既好玩又愉快的环境中，父母要教会他简单的游戏规则，此时的宝宝还不需要了解分享及轮流玩的道理，但是他一旦尝试后，就会逐渐明白当人人都轮流玩时，游戏会变得更好玩。

例如，按次序排队一个一个地溜滑梯；共同唱一首模拟不同动物叫声的儿歌，让每个小孩有机会发出一种动物的叫声。这种分享会很容易，因为当时就能得到分享的快乐。但是分享个人的所有物就比较困难，因为必须将拥有的东西拿出来。24个月的宝宝是天生的收藏家，然而他们逐渐能够了解一件物品可以不止一个人使用，或者一个面包可以切成很多片，让每个人都能够吃到。

家庭用餐时间可以用来教导宝宝共同分享食物和其他餐桌礼仪；当父母切开一个面包给家人享用时，可以教导24个月的宝宝，所谓社交规则就是表示每个人都能分享。

父母要向你的宝宝说出公平游戏及分享的规则，并一再强调。24个月的宝宝和他的玩伴也许不会立刻遵守这些规则，但他们需要多次听到这些规则，才能够加以吸收。

让宝宝有机会和同龄的小伙伴玩，玩轮流的游戏，唱轮唱的歌。

父母要避免强迫式的分享。在宝宝接受分享的意识之前就强迫他们和自己心爱的东西分开，只会刺激他们把自己的东西抓得更紧。

在游戏聚会开始前，请允许宝宝先把他较喜欢的玩具藏起来，这是可以理解的，割爱是每一个成人所不愿的，更何况是孩子呢。然后，让宝宝指定一个可以和小伙伴"分享的玩具"，他愿意带着这个玩具去参加游戏聚会同时允许小伙伴和他一起玩。慢慢地，他会了解分享的玩具最后还是可以拿回来，而且会比一个人玩得开心，这样做会让宝宝更喜欢将玩具和小伙伴分享。倘若你的宝宝适应了这样的方式，他会因此而慢慢成长为一个乐于分享的宝宝。

## 6. 交往能力

未满36个月的宝宝大多处于以个人活动为主的阶段，但这并不表示未满36个月前的宝宝不需要与其他宝宝互动。事实上，宝宝之间的交往活动早在婴儿期就有所表现。12个月的婴儿就开始对曾见过面的其他婴儿表现出更多的触摸。12~24个月的宝宝可以和其他宝宝在一起游戏，他们之间能传递玩具，或作短暂接触，表现出初步的交往需要和交往能力。

因此，父母要有意识地带宝宝去和其他小朋友一起活动，提供机会，创造条件让宝宝与其他小朋友一起玩耍。未满36个月的宝宝，很可能在这种场合下还是坚持自己玩自己的，很少与其他小朋友合作玩游戏，但这种环境、这种场合，对提高宝宝的交往能力是必要的。宝宝可以在这种场合感受到群体的气氛，观察其他小朋友的行为，学到许多新的知识、技能，增强自己的自信心和安全感，还可以在这种环境中体会到公共秩序和游戏规则的重要性。所有这些，对宝宝今后进入团体生活、发展社会能力都具有重要的意义。对于独生子女来说，"以群补独"更是弥补社会互动"先天不足"的良策。

研究指出，未满36个月的宝宝如果长期处于成人的保护之下，缺乏与其他宝宝互动的经验，以后就会出现对团体活动不适应的现象。如不善于与小朋友分享玩具，不善于与别人相互配合，不善于遵守活动规则，往往游离于团体活动之外，久而久之，宝宝会变成一个不被重视、受到忽略的人，这对于宝宝的社会化发展是极为不利的。

可见，为宝宝提供与其他小伙伴互动的机会是十分重要的。

## 7. 好奇心

当宝宝会用比较流利的语言表达思想的时候，好奇心、求知欲也会更加充分地表现出来。他不再仅限于东瞧西看，也不再满足于"淘气惹祸"这种小儿科的玩意儿，他开始探究学习的问题，思考问题更复杂，水平也会更高。他把对某些事物观察思考的结果表达出来，与大人交流，并把大人当成博学多才的权威，虚心"讨教"以满足自己的好奇心。

父母认真应对宝宝提出的问题至关重要。学习的兴趣是从很小的时候培养起来的。如何应对宝宝的好奇心呢？

尝试从宝宝的视角看世界，对于宝宝提的问题表现出与宝宝相似的兴趣。

无论宝宝提出什么样的问题，回答时都不要忘了肯定和表扬宝宝对事物主动观察和探究的精神。好问的宝宝肯定是一个好学的宝宝。

不必强求唯一标准的答案，也不必扮演权威形象。你可以用"我们一起来看看，想想"之类的回答引导宝宝自己求索。

在宝宝还听不懂"大道理"的时候，你可以把答案编成童话故事。

不要回避，更不要责难宝宝的提问，在宝宝眼里一切都是天真无邪的，你可以用比喻的方法婉转应对令你尴尬的问题。

避免对宝宝的提问忽视、嘲笑、厌烦、不以为然，或滔滔不绝讲道理。这些做法都有可能伤害宝宝的好奇心和求知欲，甚至影响宝宝对自己的认识。

**小贴士**

1岁的宝宝总是希望跟在妈妈的身后，到了2岁，宝宝逐渐能够离开母亲独自游戏，妈妈在厨房做饭时，他能够独自在其他房间里面玩自己喜欢的游戏。而且除了妈妈之外，还能与家人或者特定的可信赖的大人一起度过一段时间。

# 聪明宝宝要精心教育

宝宝进入24个月后，对各方面的求学求知欲望不断增强，那么，家长如何当好宝宝的"第一任教师"呢？幼教专家指出，家长应该具有以下几个方面的优教意识：

## 1. 尊重的意识

无论多小的宝宝，也要想到他是个"顶天立地"的人，要从小培养他的独立意识，帮助他走向成功。比如24个月的宝宝自己推着小车行走时，你应做的不是阻止，而是鼓励，让他走得更快、更远、更稳。

## 2. 信任的意识

遇事不要对宝宝说："你太笨了。"而要说："你行，你完全可以做得更好!"即使在宝宝遭受到挫折时，也不要在宝宝面前叹气，而要理解、信任，给宝宝勇气。

## 3. 适应的意识

帮助宝宝学会忍耐和克服困难，不要埋怨环境和挑剔他人，而要告诉他应靠自己的能力把一切做好。

## 4. 锻炼的意识。

把握锻炼宝宝的时机，不迁就、不姑息、不过份保护。当24个月多的宝宝摔倒时，父母不必去扶他起来，而应让他自己站起来，这样做能锻炼宝宝的勇敢精神和面对挫折时的心理承受能力。

## 5. 发展的意识

这个时期的宝宝已经具备了自己的思想，知道自己想要做什么，不想要做什么。对于家长来说，要求宝宝学钢琴、学画画，从德智体各个方面培养自己的宝宝，却从来没有问过宝宝愿意与否，因为家长的想法与宝宝本身的意愿相背离，所以宝宝并不愿学，因而学不好。其实，对宝宝未来的发展，除要根据时代特征，符合社会发展趋势外，考虑宝宝的特长更为重要，千万不要一厢情愿地从家长角度出发，为宝宝设计一个脱离实际的模式。让宝宝有一个好的发展环境，用正确的方法培养宝宝，需要首先了解宝宝真正的想法。

（1）宝宝自我意识的萌发

30个月的宝宝，徘徊在遵守父母的规定，或依他的想法挑战父母这两种不同的情境中。

宝宝开始会有一些想法，也有强烈的企图心，想以他的新点子、一些调皮捣蛋的做法，显示我比大人强；尤其当你不在家时。

这个时期的宝宝会做出一大堆深入考察的活动。他可能将一个一个汽车模型用强力胶粘在一起，变成火车，也可能将你心爱的大衣和外套拿出来，架成一顶露营帐篷。

到了36个月，宝宝已经知道做错事会有什么后果了。他能将你订出的各种规范作为行动准则。这意味着：就算你不在他身边，他依旧能记住你的种种规定，哪些可以做，哪些不可以做，他已了然于胸。

不过，宝宝终究是宝宝，即使平时很听话的宝宝，有时候也不见得每一句都能听进去。所以，如果他做出捣蛋的行为，你能够"义正辞严"地规劝，一定可以强化他思考调皮行为会产生何种后果。

所以，你应该试着尽可能在你订下生活规则的同时，也将立下规定的原因，对宝宝做深入的解释。例如，为什么这样不可以，可能产生的后果如何。这种强化的功夫，会让宝宝打算恶作剧时考虑到可能的后果。如果没有解释就对宝宝加以严厉处罚，很可能扼杀宝宝的独立思考空间。

总之，宝宝会做一些调皮捣蛋的恶作剧，有些是出于好奇心，有些是为表现他的幽默感、决心和独立意识。因此，只要不是恶意伤害，多半可以包容；只要不是不负责任的，都有可能更凸显宝宝的可爱。

（2）教育宝宝认识事物

在智力测定中，让24个月的宝宝指出图片中的头、脚、眼、耳、鼻、嘴六个部分，结果有一部分宝宝不能全部指出。然而当拿去图片，让他们指自己的五官时，却能对答如流。这说明认识事物是从自身开始的。

小儿认识事物，最先是通过感官来认识的。人的手是一种特殊的感觉器官。当手眼协调动作发展后，触觉加上视觉的参与，就能反映客观事物。宝宝的小手在乱抓乱摸的过程中，最先和最多碰到的是自己的身体，如手、脚、头发、脸。生活中父母与宝宝的交流，对记忆事物起了重要作用。成人常常对宝宝说："小手香""亲亲小脸""摇摇头"，有时还打趣地说："小臭脚丫"。所以，手、脚、脸、头等会最先被宝宝认识。

掌握了认识事物从自身开始的规律后，家长就再也不会感到无所适从了。只要遵循由近到远，由具体到抽象，由浅入深，由已知到未知的原则，再逐步

引伸认识更多的事物，宝宝就容易接受。

此外，讲故事还能增进宝宝对自我的认识，培养对文学的喜好，养成阅读的习惯，增进倾听及专注的能力，加强学习效果……好处之多，非一句两句所能道尽。

> **小贴士** ⟫⟫⟫
>
> 与宝宝进行各种游戏运动时，很重要的是，不要让他们感觉恐惧，更不能勉强他们去做怕做的动作，应在宝宝感到安全的情况下进行活动。

## 宝宝不爱洗脸、刷牙怎么办

如果你的宝宝已经24个月了，但是他不喜欢洗脸、刷牙，这时候不要着急，更不要打宝宝的屁股，或是斥责他，这样只会适得其反。如果你想要自己的宝宝更爱洗脸，不妨做些适当的引导和矫正，具体的方法有很多种，父母可以根据自己宝宝的具体情况酌情处理。

要从小培养宝宝每天洗脸、刷牙的好习惯。当宝宝第一次看到大人刷牙时先不让他刷，一定等他特别盼望时再给他一个小牙刷让他试着玩。这样从小培养爱清洁的习惯，长大后就不用费心了。

大人和宝宝一起洗脸、刷牙。宝宝观察大人的行为后，不仅增加了兴趣，而且能学会正确的洗脸、刷牙的方法。家长要耐心地告诉宝宝正确的洗脸、刷牙程序，洗漱完毕后互相检查对方是否洗干净了。

当宝宝已学会独立洗漱之后，可以在墙上贴一张图表，每次洗漱完后，在表上画一个小红星，积累一定数量后，要给予奖励。比如可以让宝宝挑选自己喜爱的毛巾、牙膏等物品。

对于那些不肯认真洗脸、刷牙的宝宝，家长要每天对其进行监督。如果仍旧看不到成效，可以带宝宝观看关于防治牙病的展览会，让他意识到不洗脸、不刷牙的危害性，逐渐改变坏习惯。

## 宝宝总是乱扔东西

为什么宝宝总是爱乱扔东西，把屋子弄得乱七八糟，满屋都是玩具，父母跟在宝宝的屁股后面收拾个没完没了？为什么别人家的宝宝就会将自己的东西摆放得整整齐齐，根本就不用家长操心呢？其实，宝宝的任何一种行为都不是天生的，是后天培养的。宝宝在24个月左右时总喜欢把玩具和东西捡起来交给家长，这是想证明自己能干，以博得家长的夸奖。家长可以抓住这时机，教他如何培养收拾玩具，从而培养宝宝自己收拾东西的习惯，而不是包办代替。

要想自己的宝宝做一个收拾个人事务的"能手"，培养他的独立自理的能力，就要从日常生活着手，不能"临阵磨枪"和一味指责。要从小培养宝宝收拾东西的兴趣。在宝宝小的时候，不仅要让他对玩具感兴趣，而且要让他对收拾东西、叠衣服、码好玩具箱等感兴趣。家长可根据宝宝的年龄，用"比赛"的方式，同宝宝一起收拾东西，整理玩具箱，把玩过的东西放回原处。

父母作为宝宝的第一任老师，要为孩子树立一个好榜样。假如家长总是马马虎虎，东西随手乱放，家里也是乱七八糟，在这种环境下根本就培养不出整洁的宝宝。因此，家里的衣服、生活用品、工作文件、书籍等都要摆放整齐，用完之后再及时放回原处。你生活得井井有条，宝宝自然会接受这样的要求。

## 无法清楚地说话

如果宝宝到了36个月的时候还不会说话，这着实会令人担心是不是宝宝的智商有问题。不过，智商较低的宝宝，不仅表现在语言反应能力上比别的孩子

迟钝，就连运动方面和生活的独立性等各方面的发育都会比较迟缓。

如果语言之外的其他所有方面都正常发展，就不是智力发育迟缓，而只是语言发展迟缓。

不少父母都不懂这方面的区别，认为语言发展迟缓就是智力较低。有些人对宝宝其他方面的发展迟缓完全不加重视，认为只要会说话就是正常，过分看重语言的作用。因此，不能只凭借语言来判定宝宝是否发育正常。

具体来讲，一般宝宝到了24个月左右，就能够自如地说话，还能在某种程度上独立进食，自行穿脱衣服、大小便等。如果能够做到这些事情，就绝对不是智力发展迟缓。因为智力指的是社会生活的适应能力。也有一些人，虽然说话不太清楚，但智商很高，其社会生活也相当丰富。

## 宝宝爱撒娇

到了24个月左右，宝宝纠缠着父母撒娇的情况突然增多。不知什么时候就会爬上父母的膝盖和背上，依偎在父母身旁；一刻也离不开母亲，在母亲身后边哭边追。或许有些父母会觉得宝宝都已经长大了，还这么爱撒娇，因此产生一些烦躁的情绪。

但也许正是由于已经长大这个事实，让宝宝认识到自己与母亲是两个独立的个体，希望母亲经常在自己身边而特意撒娇的吧！

几乎人类所有的感情，都会在24个月阶段萌芽。这段时期是感情发展最显著的时期，感情变得更复杂且细腻，想象力也变得更丰富。见不到母亲，宝宝就会想"母亲去哪里了？要是不回来该怎么办"，因此而变得非常不安。这种不安的情绪，与婴儿时期喜欢跟母亲的身体接触的情绪相同。

还有，宝宝喜欢自我主张，且变得具有反抗意识，经由这种形式来表达自己强烈的感情。在反抗与撒娇、独立与依赖之间大幅度波动，这是24个月的宝宝的性格特征。

这个时候母亲应该特别对宝宝强调："你对我也非常重要，我也很喜欢你。"最好的方法是，让他帮自己拿东西，和他一起玩耍，让他感觉成了小助手，心理得以平衡。当然，还是需要母亲亲自照料宝宝以传递母爱，重要的是在接触的过程中，让宝宝体会到被重视的快乐。

## 不买我就哭给你看

在玩具商店里，宝宝和父母之间上演了这样一幕剧：宝宝抱起一个昂贵的玩具娃娃，说"我要娃娃"，妈妈看看标价，几乎是半个月的工资，又想起家里到处是娃娃，就说"不要买了"。宝宝就是不放手："我就要嘛！""放下，我们走吧。"宝宝执意不肯。父母强拉他走，他干脆坐在地上，抱着娃娃大哭起来。其他顾客和服务员被哭声吸

引过来，宝宝毫不在意他人的围观，父母却陷入尴尬的境地，如果正巧遇上一个会做生意的店员，就会不失时机地说："宝宝那么喜欢这个娃娃，就破费一点儿吧。看宝宝哭得多可怜，我给你们打八折。"这时，父亲很可能坚持不住了，既碍于情面，也心疼宝宝，急忙走向收银台。宝宝抱着娃娃离开商店时，还挂着泪珠的脸上露出满意的笑容。

这幕剧以宝宝的胜利宣告结束。宝宝取胜的武器就是坐在地上大哭，不顾场合。哭闹是年幼的宝宝表达他们的需要、促使人们去关心他、满足他需要的法宝。宝宝以为他的所有需要都是应该满足的，他不懂得区分哪些是合理的，哪些是不合理的。因此父母应对宝宝的需要加以区分和限制。如果类似上述的情形在父母与宝宝之间一再发生，宝宝就学会了一种要挟成人以满足自己需要

的手段，任性的宝宝就是这样"培养"出来的。

有的父母说，他们不敢带宝宝出去，因为宝宝见什么要什么，不给买就大哭大闹。

对于这种情况的发生，作为父母一开始就该明确向宝宝表达这样的意愿：如果父母认为这样做是对的，就要遵从，无论你采取什么样的方法，都不可能改变父母的意愿；也并不是你所有的愿望和需求都会无条件地得到满足，更不要采取任何相互胁迫的方法求得父母的同意，达到自己的目的，而应相互协商和尊重。

可能以宝宝现在的智商还不能一下就懂得这些道理，但是如果父母可以坚持己见，不向宝宝屈服，这样的态度至少会逐渐淡化宝宝不择手段地满足自己需要的做法。

## 小贴士

宝宝很喜欢脱鞋袜，起初是用脚去蹭，现在会用手去脱，并且是无论妈妈怎么反对，他都不予理会，穿几次，脱几次。宝宝喜欢把鞋袜脱掉，光着脚走来走去，从心理上来说，是不喜欢穿上鞋袜后那种被束缚的感觉。

# 口中有异味

健康的宝宝口腔中一般没有任何异味，即使把鼻子贴近宝宝的口腔，也不会闻出成人口腔中令人不舒服的气味，更多的情况是闻到奶香味。但如果幼儿身体不适或一些其他的情况，也会表现出口腔异味。

口腔异味判断方法如下：

①口臭味：引起口臭常见的原因主要有早晚不刷牙、牙周炎、口腔糜烂、

龋齿、化脓性扁桃炎、鼻炎、鼻窦炎、鼻腔异物等。

②血腥味：多见于牙龈出血、上消化道出血以及支气管扩张。

③酸腐味：饮食过量，特别是暴饮暴食后引起消化不良，急性或慢性胃炎，均可引起口腔酸腐味。

④烂苹果味：患有糖尿病酮症酸中毒时，呼出的气味带有烂苹果味，这也是医生判断糖尿病酮症的体征之一。

⑤苦杏仁味：氰化物中毒，呼出的气味可带有苦杏仁味。

⑥大蒜味：有机磷农药或灭鼠药中毒，可闻到类似霉烂大蒜的气味。

⑦臭鸡蛋味：硫化氢中毒，可闻到臭鸡蛋味。

根据造成小儿口腔异味的原因，应有针对性地采取以下防治措施：

①从小培养宝宝良好的口腔卫生习惯，做到饭后漱口，早晚刷牙。

②饮食要有规律，多吃蔬菜水果，粗细搭配，不挑食，不偏食，不暴饮暴食。

③防止消化不良，当出现消化不良时，可在医生指导下适当服用一些助消化和胃肠动力的药。

④注意预防并及时治疗龋齿及牙排列不齐，少吃甜食，特别是睡前不吃甜食。

⑤用中药芦根、薄荷、藿香煎液，或1%的双氧水、2%的苏打水、2%的硼酸水等，选择其中一种含漱，可减轻或消除口腔异味。

⑥如是农药等中毒，应立即去医院就诊。


# 左右不分

宝宝在24～36个月的时候，一般可以分清左右手与左右脚了。若宝宝到了36个月时还是分不清左右，父母首先要反省一下自己是否有意识地教过宝宝辨别左右手，或是从没有让宝宝接触过左右的知识。如果经过了很长时间的反复训练之后仍然不起作用，那么这时候就应该带宝宝去就医了，为宝宝做一个

全身检查，看宝宝是不是患有感统失调综合征。

感统失调最主要的表现就是：左右不分，写字偏旁颠倒，语言表达能力差，读书跳行、漏字，不让别人碰自己，不会扣扣子，不会系鞋带，听不进别人说的话。如果你的宝宝存在上述表现，那么他很有可能患上了感统失调症。

宝宝之所以会存在感统失调，主要分为先天、后天两个方面的因素。先天因素主要是孕妇在妊娠期间情绪不稳定、用过药物、胎位不正、有过感染、早产或剖宫产等。后天因素是宝宝一直由老人或是保姆带着，和母亲接触的时间比较少，或者是宝宝的活动空间过于狭小，爬行能力不强，导致前庭平衡失常，又或是对宝宝保护过当，以致宝宝本应该具备的摸、爬、滚等行为被家长在无形之中破坏掉了。到了爬行时期的宝宝没爬，以后很有可能出现协调性以及平衡感差的问题；该哭时不让哭，导致口腔肌肉缺少锻炼，心肺的调节功能较同龄宝宝弱，语言表达能力差；过早地使用学步车，导致前庭平衡和头部的支撑能力不足；由于家长过分溺爱，宝宝独自动手的机会很少，使得宝宝缺乏基本能力的训练，操作能力欠缺；父母的要求过多，宝宝在心理上对父母产生恐惧，亲子关系过于紧张，让宝宝在无形当中产生了巨大的压力。

对于那些左右不分、协调能力差、方向感差的宝宝来说，应该进行专门的、有针对性的训练，以帮助宝宝恢复健康。

# 夜里流鼻血

早晨起床的时候，意外地发现床单上有血迹，才知道原来是宝宝夜里的时候流了鼻血。但好像并没有什么痛苦，就连宝宝自己也不知道为什么鼻子出血了，出血一侧的鼻孔的血已经干了，还粘着血痂（有时是一个鼻孔，有时是两个鼻孔）。这种夜里流鼻血的宝宝多是男宝宝，产生的主要原因是由于宝宝鼻黏膜的某个地方的血管网过于发达，碰上某种原因就会流鼻血。

一旦鼻子出血就会反复发生，去耳鼻喉科请医生给宝宝洗也没有效（通常宝宝会使劲抵抗，以致继续不下去），但不知什么时候，出鼻血会自愈，因此家长不用太在意。但如果有以下几种情况，爸爸妈妈就必须带宝宝去医院诊治。

流鼻血的宝宝早晨起来不精神，可怀疑为白喉。虽然由于注射白喉疫苗，白喉很少发生，但还是应该检查一下为好。

无论白天、晚上总是一侧鼻子出淡淡的血丝，可以考虑是有异物堵在鼻子里，要请耳鼻喉科医生检查。

宝宝不仅流鼻血，还伴随着贫血、皮下出血、牙床出血等，就要怀疑白血病，应及早确诊。

早晨起来发现鼻血的话，要脱去睡衣查看一下宝宝的全身，皮下如有紫色似被殴打后留下的斑痕（皮下出血），就不要忽视，必须去医院检查。

当宝宝半夜因为流鼻血叫醒母亲的时候，妈妈和爸爸首先要做的就是用消毒棉球将宝宝流血的鼻孔堵住，还要柔声安慰宝宝，让宝宝的情绪稳定下来，垫高枕头躺下，再用凉一点的毛巾放在宝宝的额头上，这样，鼻血很快就能止住。对于那些爱流鼻血的宝宝，应该多吃新鲜水果，达到营养的均衡。

**小贴士**

2～3岁的孩子突然高热，最多见的是感冒或是"睡觉着凉"了。初夏时出现高热的时候，要让孩子张大嘴巴仔细检查喉咙。

# 偷拿东西的坏习惯

宝宝在成长的历程中，总会有很多过失行为，通常情况下，这些行为带有很大的盲目性、偶然性、试探性和好奇性。偷拿东西是过失行为的一种。学龄前儿童还没有完全掌握"偷"字的概念，对于"偷"的理解也不太深刻。例如，有时宝宝看见别的小朋友有"一种玩具"，自己没有，就会把它藏起来占为己有。家长应理智地去分析，找出其原因，不可粗暴地把这种行为一概叫做

"偷"，不要用成人的是非标准来衡量宝宝。

当第一次发现宝宝有偷拿东西的行为时，家长应及时向宝宝讲道理、摆事实，避免打骂。宝宝分辨是非的能力和行为规则，必须通过生动形象的事情来获得，家长应通过讲故事、做游戏的方法把抽象的道理渗透到生活中去，使宝宝明白应该怎样做，为什么要这样做。

宝宝偷拿东西在幼儿时期多属于无意识行为，但上学之后，就可能会发展成故意偷拿别人东西的行为。因此，家长应尽可能在早期帮助宝宝形成"所有权"的概念：借别人的东西一定要先向人家打招呼，并得到允许；宝宝拿家长的东西也要向家长打招呼。当宝宝不这样做时，要严肃地告诉他"这是不好的行为"，并带着他把东西还给主人，并向主人道歉。

作为家长要记住，在纠正宝宝的过失行为的时候，要顾忌到宝宝的内心承受能力，即所谓的自尊心。家长首先就应该告诉宝宝这种行为的严重性，如果改正，从此以后都不再犯，就是可以被原谅的，如果重犯就会受到很严重的惩罚。批评和惩罚都只是针对于宝宝的行为，而不能涉及他的人格。

第五篇

# 婴幼儿常见疾病护理：
# 让宝宝远离病魔

# 第一章
# 健康宝宝从零抓起

## 新生儿破伤风

新生儿破伤风俗称"脐带风"、"七日风"等，是由破伤风杆菌感染引起的。破伤风杆菌存在于灰尘、泥土、粪便中。此病多是由于接生不正规，使用不干净的剪刀断脐，或新生儿脐带受到污染，细菌进入脐部并大量繁殖而发病。近年来我国的大中城市由于文化、卫生状况较好，此病已基本绝迹，但在偏远落后的农村仍可见到。

本病的预防在于大力提倡新法接生，用于接生断脐的剪刀一定要高压消毒。

孕妇发生急产，宝宝不能在医院里接生，最好不要断脐带，可保持胎盘高于新生儿，以防引起新生儿血液倒流入胎盘内，引起新生儿失血性贫血。等到达医院后再进行断脐。断脐后要做好脐带护理，严防脏物污染。如果做到这些，即可完全避免新生儿破伤风。或给育龄妇女注射破伤风类毒素，使她们体内产生抗体，在孕期，这种抗体可通过胎盘传给胎宝宝，也能有效地预防新生儿破伤风。

## 新生儿尿布疹

宝宝的小屁股会因经常被尿液浸渍而容易得尿布疹。另外，宝宝臀部常见的皮肤病还有念珠菌感染(真菌感染)和小儿脂溢性皮炎两种。如果发现宝宝的皮肤有异常，必须先作初步的鉴别，才能进行处理。

### 1. 症状

严重的尿布疹会在包尿布的地方出现一大片红斑，甚至有轻微的破皮现象；症状不严重的，则呈现出一小点、一小点的红疹。

### 2. 父母该做些什么

发现宝宝有尿布疹时，可以先擦上乳液隔离，并且要勤于更换尿布。由于宝宝皮肤的恢复能力较好，如果注意预防，尿布换得勤一点，不让粪便在尿布上停留太久，那么一般轻微的尿布疹大约1天，严重的3～5天就可以痊愈了。

### 3. 鉴别红疹

（1）念珠菌感染。念珠菌引起的红疹是在包尿布的地方有一大片细密的、湿湿的红斑，周围还会围绕许多小病灶，称为"卫星病灶"。

（2）小儿脂溢性皮炎。小儿脂溢性皮炎好发于包尿布的地方，在头皮、皮肤褶皱处、腋下、胯下等部位，也很容易发生。

### 4. 宝宝臀部保养三步骤

宝宝的皮肤非常娇嫩，对汗液和尿液都非常敏感，尤其是臀部皮肤经常被尿液所浸泡，容易发生湿疹或尿布疹。现提供"宝宝臀部保养三步骤"给父母们作参考，希望有所帮助。

（1）湿纸巾。如果宝宝大便了，擦臀部用力太大，会破坏皮肤的角质层，而用湿纸巾就会避免此种情况。

（2）温水冲洗。如果担心大便会弄脏宝宝的衣物，可以用湿纸巾擦完臀部之后，再用温水敷敷小屁股，将残余的尿液及粪便清洗干净，然后再擦上一点软膏(如婴儿乳液、面霜、黑麻油等)保护皮肤，以隔离下一次的尿便刺激。但如果宝宝是过敏性体质，就不要随便涂擦乳液，应先请教皮肤科医生。

（3）保持干爽。宝宝洗完澡之后，可以擦上一点痱子水，或用吹风机吹干，尽量保持臀部的干燥，这是预防尿布疹的好办法。

# 脊髓灰质炎

脊髓灰质炎是一种传播广泛、危害很大的急性传染病。由于此病具有特异的脊髓前角灰白质细胞的病理变化，尤其是灰质区，故名为脊髓灰质炎。又由于它引起肌肉特别是肢体的松弛性麻痹，且常发生于小儿，故亦称小儿麻痹症或脊髓灰质炎。

脊髓灰质炎的致病体是一种微小的特异性病毒，只有用电子显微镜放大8万倍才能看到，其直径为26～31纳米。该病毒抵抗力很强，可大量居于患者的脊髓与脑部，在鼻黏膜、扁桃体及淋巴结内也能发现。病毒大部分通过消化道和呼吸道直接传播，经血行到达神经系统。因为脊髓前角的血管丰富，所以脊髓前角的运动细胞易被侵犯，传出神经纤维被破坏发生萎缩，导致其所支配的肌肉出现瘫痪。由于肌肉瘫痪，肌肉所附着的骨骼变细，骨质疏松，骨髓腔变小，致使患肢短缩畸形。

## 1. 患了脊髓灰质炎后有哪些表现

脊髓灰质炎的表现差别悬殊，有麻痹型与非麻痹型之分。麻痹的程度、范围有轻重及大小之分。根据病程发展和大致经历可分以下几个阶段。

（1）前驱期：患者有低热、全身不适、头痛，约70％患者有胃肠道症状，如食欲不振、恶心呕吐、腹痛、腹泻、便秘等；约20％患者有咽炎、流涕、咳嗽等轻微呼吸道症状。此期无明显神经系统症状，很容易误诊。

（2）瘫痪前期：历时1～6天，此时病儿体温升高，可达38～39℃，甚至40℃。全身无力，四肢疼痛，头痛，恶心呕吐，肢体僵硬，颈部强直，有时出现尿潴留或尿失禁，持续1～7天。此期病毒已侵犯中枢神经系统引起病变。若病情不再进展而止于此时，则称为非麻痹型。

（3）瘫痪期：麻痹出现后，其体温渐退，瘫痪可突然发生，大多数在2～3天内出现。表现为迟缓性麻痹，不对称，腱反射减弱以至消失，没有感觉障碍。经5～10天或热退后不再发展。其麻痹部位和程度有很大差别，全身任何部位都可出现，但以双下肢为多见。

（4）恢复期：肌肉瘫痪停止发展，并逐渐恢复功能。此期，受病毒的影响，暂时失去功能的脊髓前角神经细胞，由于其周围充血水肿等炎症反应逐渐消退，毒素吸收，细胞功能逐步恢复，瘫痪的肢体出现活动。这种现象于发病3~6个月内恢复较快，6个月后恢复减慢。

（5）后遗症期：此期特点是可能恢复功能的神经细胞已经恢复，遭到破坏死亡的神经细胞所支配的肌肉不再恢复其功能。主要表现肌肉麻痹、挛缩、萎缩及退化，相关肌腱和骨骼也萎缩，引起肢体和躯干畸形。

### 2. 脊髓灰质炎可以预防吗

脊髓灰质炎是一种危害很大的传染病，一旦发病可致病儿终生残疾。因此积极预防本病发生是全社会共同关注的问题。要想宝宝不得婴儿瘫，必须按时服用脊髓灰质炎活疫苗，即现在所用的糖丸。

糖丸有Ⅰ、Ⅱ、Ⅲ型单价活疫苗，也有几型混合的多价活疫苗。Ⅰ型糖丸为红色，Ⅱ型为黄色，Ⅲ型为绿色。Ⅱ+Ⅲ型为多价糖丸，为蓝色。我国现在使用的大多是单价糖丸疫苗。服用糖丸的对象为2个月~7岁的儿童。

Ⅲ型糖丸的服用顺序及次数是：一般基础免疫多采用顺序是Ⅰ型、Ⅲ型，而后服Ⅱ型，间隔4~6周。在加强免疫时可采用Ⅲ型同时服用的方法。我国现行免疫次数是初次基础免疫后，第二年和第三年及学龄儿童各进行1次加强免疫。

服用糖丸的方法及注意事项：服用时禁用热水化开再服，以防活疫苗烫死而失效。最好放在口中咬碎溶化后咽下，再饮凉开水以保证疫苗全部咽下。婴儿服用时可用冷开水化开，用小匙喂，注意应将疫苗全部喂下，以保证免疫效果。服用后一般无不良反应，少数小儿可出现轻度的发热、头痛、腹泻等现象。以上反应可自行消失，不需治疗。有发热或患有严重佝偻病、活动性结核或其他生理疾病者应禁忌应用。近期患腹泻者也不宜应用。

服用时间最好在冬春季节，且一定按时服用，如有特殊情况漏服者，应及时补服，以严格控制与消灭本病的发生。

### 3. 脊髓灰质炎后遗症能治好吗

脊髓灰质炎可造成病儿残疾，无疑给宝宝和家长带来很大痛苦。近年来，随着医学科学技术的发展，脊髓灰质炎后遗症的治疗技术也在不断提高，大大减少了因该病所引起的残疾者。

后遗症期大多需手术治疗，关键在于预防和矫正畸形、重建肌力、稳定关节和解除拐杖或支具等支持物。

（1）防止畸形的产生和发展：多数患者在5～6岁以前畸形已出现，但不宜过早手术，可用石膏、塑料夹板等将患肢保持功能位，定时活动关节，防止和减轻关节畸形。

（2）若拮抗肌力相差大，畸形难免：可于7～12岁时进行调整肌力平衡或软组织松解。术后加辅助支具，防止畸形再发生。

（3）矫形手术：如畸形已发生，可根据病儿情况进行各种截骨、关节固定、肌力调整、肢体均衡术。

能否获得一个有功能的肢体，除了医护人员的积极治疗外，还要求病儿和家长积极主动配合，进行术后功能锻炼，为治疗和康复创造一切有利条件，以尽可能减少残疾的发生。

# 新生儿佝偻病

### 1. 宝宝的身体特别软，是不是得了佝偻病

胡吉家又增加了新成员，一家人忙得团团转，对这个小家伙的到来表示感谢。令胡吉感到奇怪的是，宝宝已经好几个月了，身体还是很软，胡吉怀疑宝宝是不是患有先天性佝偻病。为此，胡吉和丈夫带着宝宝来医院做了检查，医生告诉胡吉，说："宝宝很健康，他的身体软，并不是什么先天性佝偻病。"胡吉舒了一口气。

初期佝偻病主要表现为神经精神症状，有多汗、夜惊、烦躁不安等症状。由于头部汗液的刺激，经常摇头擦枕，使枕部脱发。

疾病如进一步发展，除上述神经精神症状更明显外，主要表现为骨骼的改变。生长发育较快的部位如头颅骨、四肢长骨、胸廓的改变最明显。头部颅骨软化，多见于3～6个月婴儿，方颅多见于8～9个月以上婴儿，严重者头颅呈鞍状。有些患儿表现为前囟过大，关闭延迟。1岁左右小儿，胸廓可见肋串珠，重病例胸廓变形，可形成鸡胸或漏斗胸，影响小儿呼吸功能。四肢长骨的变化：6个月以上的小儿在前臂腕部及小腿长骨的远端可摸到或看到骨骺明显膨出，称"手镯"或"脚镯"。当小儿开始会行走后，由于骨软化，两下肢因负重而变曲形成O型腿或X型腿。当小儿会坐或直立后，可出现脊柱后突或侧弯，重者可出现扁平骨盆。此期病儿全身肌肉松弛，肌张力减退，腹部膨隆似蛙腹。

恢复期，症状逐渐减轻，精神活泼，肌张力恢复正常。

如果一个5～6个月的小儿，身体软，不能竖直抱，一竖抱，头就往左右、前后倒；7～8个月时成人两手挟住他腋下使他直立，此时小儿两脚向上蜷缩不能着地；或者两脚硬硬地伸得笔直，只是脚尖着地，脚跟不能着地，像跳芭蕾舞的姿势；逗引他也没有反应；服用鱼肝油、钙片，甚至注射了几针维生素D还是不见效，人总是发软。这种病儿，实际上不是得了佝偻病，而可能是得了脑发育不全或脑性瘫痪。

小儿佝偻病常常与神经系统、脊髓、骨骼本身等病变引起的婴儿肌肉松弛的疾病混淆起来，因此遇到身体发软的婴儿，必须加以鉴别，切勿乱用维生素$D_3$，因为应用大量的维生素$D_3$后会引起中毒，同时又延误疾病的诊断及治疗。

## 2. 宝宝经常出汗是佝偻病的表现吗

在门诊时，一些家长常问医生："我的宝宝特别容易出汗，尤其是在晚上睡觉，眼睛一闭，头部、上半身就会冒出黄豆大小的汗珠，是不是得了佝偻病？"在这些家长头脑中，多汗与佝偻病常会画等号。

汗是由汗腺分泌的，出汗是人体皮肤调节体温的重要功能。汗腺分泌汗液的多少与汗腺的发育情况、机体自主神经兴奋性的高低有关。

小儿由于处在生长发育的迅速时期，代谢最旺盛，又活泼好动，出汗常常比成人多，这是正常的生理现象。晚间在入睡时，因为交感神经仍处于兴奋状态，常常会出汗，进入深睡阶段后，交感神经受抑制，后半夜出汗量逐渐减少，这也是正常生理现象。

患佝偻病的小儿，由于交感神经兴奋性增高，可能晚上睡觉时有多汗现象，但这仅仅是许多症状中的一个，而且非特异性。其他像营养不良、结核病、先天性心脏病、甲状腺功能亢进症等许多疾病，也都有多汗的症状。因此必须结合其他主要症状、体征进行综合分析，切勿认为多汗就是佝偻病而滥用维生素D制剂。

### 3. 婴儿为什么容易得佝偻病

24个月以下的小儿容易得佝偻病，尤其1岁以内的婴儿更是发病率居高。其原因如下：

①婴儿时期体格生长特别迅速，骨骼的生长需要钙及磷的补充，而钙、磷的吸收需要维生素D，如果体内维生素D不足就会影响钙、磷的吸收及骨骼内的沉积，使骨骼发育障碍而得佝偻病。

②婴儿时期的主食都是奶类，奶类中维生素D的含量很少，远远不能满足小儿生长发育的需要，尤其是以牛奶人工喂养的小儿，除了维生素D的含量少外，其中的钙、磷比例也不恰当，影响了钙的吸收，因此比母乳喂养的小儿更容易得佝偻病。

③佝偻病的发病与季节也有很大关系。有些小儿，冬天整日关在屋里，不出去晒太阳，不参加户外活动，阳光直照机会少，只是隔了玻璃窗晒太阳，这样，佝偻病的发病就明显增加。原因是皮肤中的7-脱氢胆固醇必须经过日光中紫外线照射，才能变成胆固化醇(内源性的维生素$D_3$)，这是人体维生素D的主要来源。隔玻璃窗晒太阳无效果，使体内维生素$D_3$来源缺乏，另外，城市中高大建筑及空气中灰尘、煤烟较多，都可阻挡阳光中的紫外线。

④早产儿及双胞胎由于体内储存维生素D不足，出生后生长发育又快，需要的钙、磷量比一般幼儿更多，因此如不及时足量补充维生素D也易发生佝偻病。

# 新生儿腹泻

宝宝患腹泻时，常会排出水样大便且比正常时次数增多。这可能是由于食物中脂肪或蛋白质过多，或者食物中的纤维素过多造成的。

家人平日就该注意宝宝的排便状况，以分辨腹泻和正常排便的不同。很多情形都会造成腹泻，例如宝宝在添加副食品时，可能一下子不能适应，或是对牛奶过敏，得了感冒、肠炎等，如果宝宝发生腹泻，只要精神还好，活动尚佳，也还有胃口，没有发烧，可先在家观察。

妈妈们应该注意哪些问题呢？

1. 确实做到给宝宝饮足够的水。最好饮葡萄糖溶液。

2. 如果宝宝已不用尿布，患病期间可再给他重新用上。多加注意卫生：在给宝宝更换尿布后以及配制食物前要洗手；在宝宝大小便后及进食前一定要给他洗手。

3. 宝宝如果出现下列情况需看医生：

（1）腹泻已超过6小时。

（2）大便中带血。

（3）出现任何脱水的体征。

4. 补充水分：

腹泻最容易使宝宝体内的水分和电解质大量地流失，为避免宝宝产生脱水症状，除了按照医生的指示服药外，妈妈还需要注意补充水分。

# 新生儿呕吐

小儿患病时常会出现呕吐的症状，一些呕吐是由全身感染性疾病、胃肠道感染性疾病引起的，是暂时性的，呕吐次数不多，随着原发疾病的治愈，呕吐症状可以较快消失，家长如果能做好护理工作，及时给宝宝补充水分，必要时

服用止吐药物，一般不会给小儿带来长期不良影响。但某些疾病，如患有消化道先天性畸形、肠梗阻或中枢神经疾病时，呕吐较重，而且经常反复发生，会使小儿体内出现一系列改变。引起呕吐的常见疾病有以下几种。

### 1. 肠套叠

当小肠远端被套入小肠近端的管腔里，就会发生肠套叠现象。这种现象最容易发生在1岁以内的小儿中，特别是天气寒冷时。一旦发生肠套叠，小儿除了剧烈腹痛和哭闹外，还会伴有呕吐和低热症状。

### 2. 疝气

由于小婴儿的腹壁肌肉很薄弱，过多哭闹时会使腹腔里的组织从脐部突出于腹壁，形成脐疝；或是从男婴的腹股沟下降到阴囊里形成腹股沟疝。一旦肠管嵌入疝囊，小儿就会剧烈地腹痛和哭闹，并出现呕吐现象。

### 3. 胃幽门狭窄

伴有呕吐症状的先天性疾病，最常见的就是胃幽门狭窄。少数婴儿天生胃幽门环肌肥厚，导致胃幽门管腔狭窄。随着婴儿的进食量增加，大量食糜积存在胃里，很难进入肠道，导致小儿进食后出现喷射状呕吐，一般在出生后1个月左右时发生呕吐。

### 4. 胃肠炎

胃肠炎主要的症状是恶心、呕吐、腹泻、腹部疼痛等，有时还会伴有发热。它可以由多种原因引起，如饮食不当、吃了不洁食物、呼吸道病毒感染等。

### 5. 上呼吸道感染

小儿被呼吸道病毒感染后，不仅出现呼吸道感染的一系列症状，而且还会呕吐。体质较弱的小儿被病毒感染后，抵抗力就会下降，包括胃肠道的抵抗力，加之病毒的毒素刺激作用，导致呕吐现象发生。

## 6. 中耳炎

小儿由于通向中耳的咽鼓管短而直，加上躺卧时间较多，所以在上呼吸道感染时病毒容易由这个通道进入中耳，引起中耳炎。要知道，耳部不仅只是个听觉器官，而且还与身体的平衡功能有关。当发生中耳炎时，就会引起呕吐症状。

尽管引起呕吐的原因多多，但有些呕吐需要父母加以重视。如果宝宝有以下的情况就应该特别注意：

①喂奶后大量喷奶并多次发生：如果宝宝在喂奶后大量回奶，并且多次发生，而且出现喷奶的现象，那就要引起爸妈的留心了。有可能是发热感冒了，也有可能是宝宝肠胃出了问题。这都需要及时到医院就诊。

②感冒发热时吃不下食物：感冒发热时宝宝的食欲不佳，咽部红肿，无法咽下食物，连带着也会有呕吐的现象。如果呕吐多次发生，需要去医院就诊，以免让普通的感冒进一步恶化。

③发热引起的呕吐：由发热引起的呕吐，要及时带宝宝去医院就诊，并把呕吐物一并带到医院让医生检查。

④积食引起的呕吐：若宝宝不发热而呕吐，呕吐后精神好、玩得也好，而且是饭后呕吐的，往往是宝宝吃得过饱积食的缘故。妈妈们就不用过多的担心，仔细观察宝宝的情况就可以了。

⑤外伤引起的呕吐：没有发热而呕吐，还要考虑宝宝是不是头部受伤了。常常因为在大人们没有照顾到的情况下，宝宝的头部受到了意外的打击或碰撞，这时就需要妈妈仔细检查宝宝的头部有没有伤痕，同时还要询问宝宝最近几天有没有磕着碰着，或者是跟其他小朋友发生了肢体争执。如果有上述情况发生，妈妈一定要立即送宝宝去医院做进一步检查，以免耽误的病情。

⑥腹部疾病引起的呕吐：还有一种没有发热的呕吐，但是宝宝之后说肚子痛，这种情况妈妈就要考虑宝宝是不是肠梗阻，如果是有疝气的宝宝就要考虑是不是肠套叠，也应去医院就诊。

# 新生儿惊厥

　　惊厥是脑神经功能紊乱所致。大脑就像一台计算机，控制着身体内数十亿神经细胞的活动。正常情况下，这些活动是受大脑高度控制的。在惊厥发作时，大脑出现暂时性的功能紊乱，干扰了大脑的正常活动。惊厥主要分为两大类：全身性发作（即整个大脑受累）和局部发作（即只影响部分大脑）。

　　新生儿惊厥也主要分为两大类："强直阵挛性发作"（旧称"大发作"）和"失神发作"（旧称"小发作"）。前一种情况更常见，发作时宝宝会失去知觉，全身僵直，摔倒在地，然后出现无法控制的四肢抽搐，并可能伴有舌咬伤、尿便失禁。在发作之后，宝宝通常会昏睡一段时间，也可能出现暂时记忆缺失。惊厥的失神发作表现为宝宝突然停下正在做的事发呆，过了一会儿再继续做原来的事情。可能没有人会注意到这种症状，即使注意到了，也可能以为宝宝在做白日梦。

　　惊厥的类型超过40种，每个人发作的情况可能都不同。儿童最常见的惊厥有两种，一种是高热惊厥，另一种就是癫痫。

　　高热惊厥在小儿时期最常见，在0~7岁小儿中，高热惊厥的发生率为3%~4%。所谓高热惊厥是指婴幼儿经过检查，证实发热抽搐是由上呼吸道感染或扁桃体炎所引起的。而由中枢神经系统、肺、泌尿道、胃肠道等感染而引起的发热惊厥，则不属于高热惊厥的范畴。

为什么婴幼儿容易出现高热惊厥呢？这是因为婴幼儿的神经系统发育不完善，如大脑皮质的抑制功能差，神经髓鞘未完全形成，一旦受到外界刺激（如高热等），兴奋容易扩散而引起抽搐。

第一次高热惊厥往往出现在6个月至36个月，亲属中也常有高热惊厥或癫痫病史。一般在体温急剧上升后几小时出现全身性抽搐，表现为两眼上翻或凝视，面部和四肢不断地抽动，意识丧失，有的甚至有紫绀和大小便失禁、抽搐时间短暂，为5~10分钟，在一次发热病程中一般只抽搐1次，抽搐发作后全身及一般情况良好。30％~50％的小儿，以后一患高热，高热惊厥即可发生。

经常有高热惊厥发作的婴幼儿，一旦出现高热，就应服退热药、镇静药或置冷毛巾于头部，还可用酒精擦浴，达到及时降温，防止抽搐的目的。

如果宝宝在高热惊厥发作前就有不正常的神经系统的表现，例如：脑性瘫痪、CT或核磁共振显示出大脑有移行障碍等，惊厥发作次数频繁，发作时间长，脑电图也不正常，这种宝宝的预后就很不乐观了。其中一些患儿将来有可能转变成癫痫；一些患儿可能会有轻度的智力低下；部分患儿还可能会有学习困难。这是因为惊厥可造成脑细胞的缺血缺氧，如果惊厥时间长，就有可能造成脑细胞不可逆性的损害。导致癫痫的危险因素有以下几点：

①如果宝宝在发生高热惊厥前神经系统发育就不正常，像多发脑回小畸形、神经原位异常症、脑穿通畸形、脑灰质异位等，这种宝宝发生癫痫的危险率最高。

②一次高热惊厥时间超过10分钟或在一次高热中发生2次惊厥，而宝宝在2次惊厥时意识不清楚，就说明脑缺氧的时间较长。

③如果宝宝在12个月之前发生高热惊厥或1年内频繁发生，都是转变成癫痫的危险因素。有些学者认为脑内一个叫颞叶的组织，它的内侧发生硬化就是因为高热惊厥引起的。而颞叶硬化是造成癫痫发作的一个重要因素。

那么，高热惊厥会给宝宝留下后遗症吗？一般来说，大多数宝宝的预后良好，6岁以后不再发作，也不会留下任何神经系统后遗症。只有5%~15%的患儿遗留智力低下、癫痫、行为异常等神经功能障碍。若出现以下几种情况可能预后不良。

①初发年龄小：高热惊厥在12个月之前，尤其在6个月内发作者，预后较差。因为这一时期小儿脑组织代谢旺盛，对氧的需要量相对较大，惊厥造成的缺氧性损害也就更为严重，容易因代偿不全而影响神经系统功能。

②发作次数和发热的程度：次数越多，预后越差。反复发作10次以上者，约半数可发展为癫痫。如果体温不足38℃即可引发惊厥，也是预后不良的表现。

③发作持续时间：惊厥持续10分钟以上可能因脑缺氧时间长造成神经细胞损害，持续30分钟以上则半数遗留不同程度的神经功能障碍。

④发作前神经系统状态：如果高热惊厥发作前已有神经系统异常往往预后较差。这类患儿中，约45％将遗留智力低下。

初次高热惊厥后，约有40％的患儿会复发。宝宝反复抽搐发作可能对大脑有损害。所以父母和幼儿园老师都应该学习掌握一些这方面的知识，宝宝一旦发生高热惊厥，可以按以下步骤采取措施：

①要保持安静，立即让小儿平卧。脸向右边，解开衣扣以利呼吸，及时清除口鼻中黏液，防止吸入呕吐物或其他分泌物而窒息。

②为了防止宝宝咬伤舌头，可以把筷子缠上布垫放在上下磨牙之间，如果牙关紧闭不必强行内插，立即用手指压住人中穴、合谷穴。

③解开宝宝的领口、裤带，用温水或酒精擦拭头颈部、两侧腋下和大腿根部，也可用浸过凉水的毛巾较大面积地敷额头部降温，但不要湿敷胸腹部。

待宝宝停止抽搐，呼吸通畅后再送往医院。如果宝宝抽搐5分钟以上不能缓解，或短时间内反复发作，预示病情较为严重，必须急送医院。在运送医院的途中，要密切观察宝宝的面色有无发青、苍白，呼吸是否急促、费力甚至暂停。注意将口鼻暴露在外，伸直颈部保持气道通畅。

值得注意的是，有的父母缺乏医学知识，一见宝宝抽搐便不知所措，慌忙用衣被包裹宝宝前往医院，而且往往包得很紧，这样很容易使宝宝口鼻受堵，头颈前倾，气道弯曲，造成呼吸道不通畅，甚至窒息死亡。

那么，如何预防宝宝惊厥？

### 1. 喝淡盐开水

近10年的研究显示，高热惊厥患儿容易发生低钠血症(血清钠低于130mm/L)，发生率为56%～60%，其中高热惊厥一次者，低钠血症的发生率为46%。高热惊厥患儿平均血钠值明显低于对照组，换句话说，并发低钠血症的患儿惊厥发作次数明显多于血钠正常者，其比例约为6：1。经静脉输液中加入适量含钠液配合降温及止惊治疗，大部分患儿在6～8小时内血钠回升到正常值范围。

因此，儿科专家指出，对有高热惊厥患儿，现在处于感冒初期，并伴有发热(体温≥37.8℃)口渴时，应适当增加饮水量，喝2杯淡盐冷开水(一次饮水量100～200毫升，间隔1～3小时)，可起到防治低钠血症的作用，从而达到预防高热惊厥复发及惊厥性脑损伤目的。当然，家长应带他去正规医院诊治。

### 2. 口服安定(一种镇静催眠药)

国内最新研究资料显示，短程安定可以预防高热惊厥再发。该药具有疗效确切、使用方便、不良反应小等优点，对象是已有2次以上的高热惊厥患儿。短程安定具体用法是：每次0.4～0.5毫克/千克体重，在首次使用8小时后再重复使用第2次，就可收到较为满意的疗效，只有个别患儿要考虑使用第3次。必须指出，对所有高热惊厥患儿来说，在口服安定同时必须使用退热药(如泰诺林或托恩口服液)以求快速降温，并施用抗生素以控制原发病。当然，这需要医生的处方和指导。

**小贴士**

遇到休克病婴儿，如果可以及时找出休克原因，予以有效的治疗是最为理想的。但是，在紧急情况下，不能马上明确原因，也不要慌张，切忌不要摇晃孩子，应给孩子做人工呼吸或者掐人中等，并在第一时间送往医院抢救。

# 新生儿百日咳

百日咳是小儿时期最多见的急性呼吸道传染病，一年四季皆可发生，但以冬季和初春季易流行。患病的小儿年龄以36个月以下为最多。

百日咳杆菌感染是引发本病的病因。这种病菌主要通过飞沫传播，在进入易感者呼吸道后，在气管和支气管黏膜上繁殖，并释放出大量的内毒素，引起黏膜发炎，产生大量脓性渗出液，引起痉咳。

百日咳的临床表现，从本病的发病过程来看可分为3期(经过7～10天潜伏期开始发病)。

## 1. 初咳期

病初与一般上感咳嗽相似，患儿可伴有轻微发热、打喷嚏、流涕等上感症状，此时病菌在气管、支气管黏膜上生长繁殖，刺激呼吸道黏膜，引起呼吸道黏膜炎症，此期历时为7～10天。若能在此期间确诊，有利于治疗。

## 2. 痉咳期

持续时间2～6周，也有长达10周左右。此期特点是阵发性痉挛性咳嗽，并伴有特殊的鸡鸣样吼声。由于咳嗽剧烈，患儿出现面部水肿，甚至紫绀、两眼鼓出、泪涕交流、眼结膜出血、舌下系带溃疡等症状。此期若无并发症，体温多为正常。

## 3. 恢复期

自咳嗽减轻到不咳为止，持续2～3周。随着阵发性痉咳逐渐减少或消失，气管、支气管黏膜上的病菌被排除与消灭，疾病进入恢复健康的阶段。

另外，需要强调的是，在临床上小婴儿的症状特殊，常无痉咳及典型高调吸气声，而常表现为阵发性呼吸暂停、青紫，严重的出现抽搐。还有一些成人或年长儿和经过预防接种的小儿百日咳症状可轻而不典型，仅有2～4周或更长时间干咳、缺乏阵发性痉咳，亦有少数百日咳病儿因病程长、免疫力低等原因而继发其他细菌或病毒等感染，产生并发症。

百日咳是通过患者咳嗽、打喷嚏时带有百日咳杆菌的飞沫传播的。但是，百日咳杆菌比较脆弱，离开人体后不容易生存，因此间接传播的可能性很小。对患者进行隔离(从发病日起至6个星期)，可防止疾病的传播与蔓延。隔离越早越好，因为在疾病早期，传染性最强。因此不要带小儿去患儿家串门。托幼机构发现百日咳患儿后，应对患儿居住过的屋子进行消毒并通风换气。对易感接触者，应密切观察3周。此外，从出生6个月起到6岁以内的小儿凡没有患过百日咳者，应进行预防接种。其具体方法有以下几种：

①自动免疫：出生后2～3个月起，开始接种百日咳菌苗。目前应用的是"白百破"三联制剂，即注射百日咳菌苗、白喉类毒素、破伤风类毒素三联针。连续肌肉注射3次，1年后注射1次作强化，4～6岁时第二次强化，以求保持长期较稳定的免疫力。

②被动免疫：没有接受过自动免疫的体弱幼婴，可肌注百日咳高价免疫蛋白，方法同前。

③药物预防：有与百日咳患儿密切接触的易感儿，可口服红霉素或复方新诺明7～10天。

④患儿隔离：从发病起计算40天，从痉咳出现30天为隔离期，10岁以下的易感儿与传染源有密切接触后，应检疫21天，检疫期满，即应开始做全程的百日咳菌苗接种。

宝宝患上百日咳，如果平时身体状况良好，治疗及时，护理周到，则能较快获愈。但确有少数抗病力低下，贻误诊治、护理不当的病儿出现并发症，使病程迁延难愈，个别严重的造成死亡。可见，百日咳的严重性就在于其并发症，那么，常见百日咳并发症有哪些呢？

## 1. 肺炎

百日咳患儿如出现发热、气喘、呼吸急促、口唇紫绀等症状时，可能并发了肺炎。严重的肺炎还可并发心力衰竭。除此以外，还常并发肺不张、肺气肿、支气管扩张、纵隔气肿等症。原有结核病患儿在患百日咳时，可激起结核菌重新活动或结核扩散，导致恶化。

### 2. 脑出血或脑炎

患儿出现剧烈头痛、烦躁不安、抽风或昏迷时，可能并发了脑出血或脑炎。由于百日咳杆菌的内毒素可引起中毒性脑病及一系列中枢神经系统后遗症，如癫痫、智力减退等。患病前有佝偻病或营养不良症的宝宝，患百日咳后，突然出现短时间的知觉丧失、两眼上翻、四肢抽搐、肌肉痉挛时，可能并发了手足搐搦症。

### 3. 急性循环衰竭

虚弱的新生儿可有皮下出血、脑内点状出血，甚至耳内出血。严重者有咯血、呕血、便血，因此可引起急性循环衰竭。严重的心血管系统障碍可引起心脏扩大，甚至心力衰竭(多见于身体虚弱的幼婴或原有心脏病的患儿)。

### 4. 疝气和脱肛

由于百日咳常伴呕吐及厌食，可导致营养不良。剧咳时，腹压增高可引起疝气和脱肛。

在百日咳的护理上，我们应采取如下措施：

### 1. 隔离与消毒

发现宝宝得了百日咳，应马上隔离，隔离期限从发病日算起是 6 个星期。在家中最好让宝宝单独居住一个房间或一个角落；防止不良刺激，如风、烟、劳累、精神紧张等。

### 2. 咳嗽的护理

保持居室内空气新鲜，屋内不要吸烟和炒菜，避免灰尘和不良气味，以免刺激病儿痉咳发作，要常带病儿到户外呼吸新鲜空气，晒太阳，但注意给病儿穿戴包裹好，防止着凉。

对病儿要有耐心，减少病儿哭闹和情绪波动，用讲故事、有趣的游戏、用玩具哄逗等办法转移宝宝的注意力，可以减少痉咳的次数。

病儿痉咳时，协助侧卧或坐起，轻拍背部，按压腹部或使用腹带包腹，以减轻因腹肌紧张所引起的腹痛，而且有助于痰液排出。

咳嗽引起呕吐时，要让宝宝把头歪向一边，以免呕吐物呛入气管。呕吐完了，要及时给宝宝漱口。

### 3. 饮食

为保证小儿营养供应，应给予营养丰富、易消化、无刺激性、黏稠的食物，如面条、米粥、蒸蛋等。食物品种要多样化，以增进食欲。要保证每天热量、液体量、维生素等营养素的供给。特别是咳嗽呕吐影响进食的病儿，食物要求干、软，易消化。做到少量多餐，随时补充。忌食生冷、辛辣、肥甘等食品。

### 4. 注意口腔卫生

护理人要经常给宝宝刷牙、漱口。年龄小的宝宝可用棉花蘸淡盐水擦拭口腔，每天 3～5 次，以免发生口疮。可以给予一些能稀释痰液的药物，以便痰液咯出，防止呼吸暂停。但咳嗽反应重及小婴儿不宜应用，严重的痰液阻塞，要用吸痰器将分泌物吸出。

### 5. 随时注意宝宝病情变化

如出现发热、气急、喘憋或头痛厉害、烦躁不安、抽风、昏迷等表现时，可能有并发症，应送医院治疗。

# 第二章

# 宝宝成长过程中的常见病

## 感 冒

　　感冒作为日常生活中最常见的疾病。一旦发生在婴幼儿的身上，就会比发生在成年的身上要严重许多，小儿感冒有并发胸部或是耳部感染的危险。若是宝宝除有普通感冒的症状外，还患有皮疹，那就有很大的可能是患上了风疹或者麻疹。

### 1. 感冒的主要症状

　　（1）鼻塞、打喷嚏和流黏液鼻涕。

　　（2）体温逐步升高。

　　（3）喉咙肿痛。

　　（4）咳嗽不断。

### 2. 父母如何应对宝宝感冒

　　（1）给宝宝测一测体温，如果有必要就再让他服下对乙酰氨基酚糖浆剂来降温，切忌给宝宝摄入阿司匹林，研究表明，阿司匹林和"瑞艾斯"的症状有很大关系。

　　（2）要给宝宝摄入足量的水分。因为发热导致体液丢失，如果存在呕吐就会丢失更多水分。为了宝宝的营养均衡，应该及时地为宝宝补充足够的水分。如果他不想吃东西，或是不饿，也不要强迫他。在他临睡觉之前，让他喝下1杯饮料，这样有助于夜间让宝宝的鼻腔保持通畅。

（3）宝宝的鼻腔和鼻孔周围的皮肤，由于黏液鼻涕不断流出再加上频繁地擦拭，鼻腔和鼻孔会发红、疼痛，这时候可以用含锌的药膏或是蓖麻油涂搽。

# 发　热

当发觉宝宝发热的时候，应先测一下他的体温，若没有超过38℃，且没有其他的症状伴随，妈妈可以在家给宝宝多补充一些水分，及时测量体温，观察、记录体温的变化。如果宝宝发热持续不退，就应该立即去医院就诊。

退热的方法有很多，有药物性的，比如说栓剂等，或是物理性的，可以适当地脱掉一些衣服，用温水擦拭宝宝的身体，或是使用冰枕降温。最重要的还是让宝宝多喝一些冷开水，一方面有利于退热，另一方面也能够避免身体脱水。

## 1. 发热不退怎么办

有的宝宝没有其他的症状，就只是单纯的发热，但持续不退，发病一般是在早上，且持续1周的时间，有时甚至是1个月，这主要是因为宝宝的体温调节中枢还没有发育成熟引起的症状。医生主张，对于这种症状最有效的方法就是：开窗通风，保持空气的新鲜，使室内的温度保持在20～25℃，宝宝的体温就可以降下来。

## 2. 热退不是停药的标志

有些家长面对宝宝发热总是十分紧张，连续不断地给宝宝服用退热药。退热药是仅对体温调节中枢起作用的药物，一般只是用于退热，服药之后体温会出现下降，但这只是表面现象，并不代表痊愈，通常是在退热药作用消失之后，体温就会再次升高。所以，认为退热就是病愈，就不用再继续用药的做法是不正确的。尤其是对感染性疾病，比如气管炎、肺炎、扁桃体炎等疾病，只

有进行合理的治疗，有效治愈后体温自然就会降下来，其他的症状也会逐渐消除。这时候，可以在医生的指导下逐渐停药。

# 痱 子

痱子是由于夏季气温过高，汗液不易蒸发而引起的颜色较淡的皮疹。婴儿较儿童更多见，通常发生在面部或常积聚汗水的皮肤褶皱内。它不属严重疾病，一般可在家中自己治疗。

## 1. 症状

在面部或皮肤的褶皱内有淡红色的丘疹，有时亦可能形成小水疱或是小脓疱。

## 2. 父母该做些什么

（1）拿掉厚的被褥并脱去一些婴儿的衣服，让宝宝只穿内衣和尿片睡觉。

（2）用温水给宝宝洗澡，轻轻拍打他的皮肤使之慢慢变干，这样可保留一点潮气，当皮肤干爽后，擦上少量婴儿痱子水。

（3）给婴儿测量体温，如有升高，按规定剂量服用对乙酰氨基酚(扑热息痛)糖浆剂或用温水擦身。

### 3. 怎样防止痱子的发生

在天气炎热的时候给宝宝穿轻薄的衣服，贴近皮肤的衣服要选用棉质的。在户外时要把宝宝放在阴凉处，或用遮阳伞，以阻挡阳光的照射。

# 哮 喘

哮喘是通向肺部的毛细支气管管腔变得狭窄而引起的，本病反复发作，会造成呼吸困难，呼气时尤甚。毛细支气管变窄的原因可能是过敏反应。家中其他成员中有患哮喘、湿疹或过敏性鼻炎的，儿童患病的概率增大。轻微的哮喘较常见，宝宝到青春期前后可能会自然终止发作。

### 1. 症状

（1）咳嗽，尤其在夜间或运动后更明显。

（2）有轻度喘鸣样呼吸及气喘，感冒期间特别显著。

（3）哮喘严重发作时，呼吸变浅并且困难。

（4）哮喘发作期间，会有窒息的感觉。

（5）发作期间皮肤苍白、出汗。

（6）严重发作时口唇周围青紫。

### 2. 父母该做些什么

（1）保持镇定以使宝宝放心。

（2）让宝宝坐在你的大腿上并使他稍向前倾斜，这样呼吸会舒服些。不要把宝宝抱得太紧，让他处于最舒适的体位。

（3）如果宝宝喜欢自己坐着，要放些东西支撑他的前臂，把两臂放在桌面上或放在一堆枕头上，以使宝宝能向前屈曲俯靠。

### 3. 宝宝出现下面一些情况应立即去医院就诊

（1）舌及口唇周围发紫。

（2）严重的气喘。

（3）服用哮喘药10分钟后，呼吸仍未开始好转。

（4）意识模糊，或变得无反应。

### 4. 哮喘的预防

哮喘发作时，坚持做好记录以求找出引起哮喘发作的原因。剧烈运动与过度兴奋也会引起哮喘发作。其他常见的激发因素和避免方法如下：

（1）灰尘。打扫室内卫生时，要用湿的抹布或拖布，防止灰尘四扬。

（2）宠物。如果家养宠物，就不要让宝宝亲密接触，以免引起哮喘。

（3）花粉。许多过敏症状的出现，都和花粉有关，所以当空气中花粉密度较高时，应让宝宝减少外出。

（4）香烟的烟雾。让宝宝远离吸烟环境。

## 鹅口疮

鹅口疮属于念珠菌类感染。在新生儿、腹泻、长期使用广谱抗生素或激素、营养不良的患儿中最为常见。在正常情况下，白色念珠菌的数量与其他寄生细菌同处于动态平衡中是不会生病的，但当宝宝身体的抵抗力逐渐降低时它就会大量繁殖，摆脱控制从而造成皮肤、黏膜疼痛和损害。

### 1. 症状

（1）口腔疼痛导致食欲不振。

（2）在口腔两颊、舌和上腭部位的黏膜上长有白色、微高于黏膜面的斑点或斑片，呈奶块状，很难揩去。

## 2. 父母该怎么做呢

（1）用清洁的手帕慢慢揩去宝宝口腔内的斑片。若是难以擦掉，也不要强力擦试，以免让宝宝感觉到疼痛，甚至出血，留下创面。

（2）多给宝宝吃一些酥软的食物。人工喂养的宝宝，需要买一个非常软的奶嘴，并需要时常仔细地清洗，并在每次喂奶之后进行消毒。

（3）若是母乳喂养的宝宝，可以继续正常喂奶，但是要特别注意乳头的清洁，防止感染。在每次喂奶过后，切忌使用肥皂清洗乳头，用清水即可，更不要戴胸罩。乳房发生疼痛感或是出现白色斑点，就要立刻去医院就诊。

（4）对于医生开的药物，母亲要在每次喂奶之前滴入婴儿的口腔内，对于24个月以上的儿童，医生会适当地开一些锭剂，让宝宝服下。如果是采用母乳喂奶的宝宝，医生很有可能会检查妈妈的乳头是否已经感染。

### 小贴士

湿疹是一种过敏反应，它造成患处皮肤瘙痒、发红、有鳞屑。首次发病一般在3~24个月之间，儿童长大后病情会好转。湿疹患儿长大到6岁，有半数会痊愈；长大到青春期，大多数患者都会自愈。

# 食物中毒

## 1. 怎样观察宝宝有没有食物中毒

在平时的生活中，宝宝由于吃了变质或有毒的食物而引发中毒的事件时常

发生。特别是在夏季的时候，由于气温高、细菌的生长速度快，一不留神，就会发生食物中毒事件。食物中毒对于宝宝的危害是相当大的，轻者会引起上吐下泻，重者可能就会危及生命。对于食物中毒，应该早发现，早治疗，及时地进行抢救。

食物中毒最常见、最早出现的症状就是恶心呕吐和腹痛腹泻。在呕吐时，可能会在食物中出现血迹，从而导致面色苍白、全身出汗、头痛、头晕、发热等一系列症状。中毒的诱因有所不同，症状也不尽相同。当宝宝发生以上症状的时候，一定要提高警惕，立即采取措施，以免错过治疗和抢救的时机。

### 2. 怎样预防小儿食物中毒

动物性食物最容易引起婴幼儿食物中毒，其中最常见的食物有变质的火腿、香肠、肉类罐头、腊肉，或是病死的牛、羊、猪、家禽的肉和内脏。针对食物中毒，其预防措施是：父母应该严格注意食物的质量、保鲜度以及加工温度。那些变质、有异味与病死的动物肉和内脏是绝对不可以给宝宝食用的。

可能引起中毒的植物主要包括发芽的土豆、霉变甘蔗、毒蘑菇、变质地瓜、有毒的野菜和含氰化物的植物，比如桃仁、枇杷仁、生扁豆、醉马、木薯、白果、苦杏仁等。预防措施主要包括：切忌食用发芽、霉变的植物类食物，提升家长对于有毒植物的鉴别能力，分清哪些野菜是可以吃的，哪些果仁是不可以吃的，对于那些不了解的食物一定不要给宝宝食用，不要给宝宝生食的食物，一定要熟透才可以吃。

**小贴士**

　　铅中毒影响6岁以下儿童的大脑发育，引起各种神经问题，包括不能学习、走路有困难，甚至可造成大脑损伤。

# 癫痫

　　癫痫是一种有发作倾向的神经系统疾病，是由脑部病灶突然发生异常放电所引起。大部分患儿长大到青春期癫痫就会停止。本病有两种常见的类型：癫痫小发作及癫痫大发作。

## 1. 癫痫小发作的症状

（1）正常活动突然中断。

（2）表情呆迷。

（3）数秒钟后完全恢复。

## 2. 癫痫大发作的症状

（1）突然意识丧失，患儿跌倒。

（2）四肢强直。

（3）抽搐或痉挛动作。

（4）尿失禁。

（5）抽搐动作停止后昏睡，或逐渐转为清醒。

## 3. 父母该做些什么

（1）癫痫发作时，安放宝宝侧卧于水平面上。

（2）在发作时陪伴他，务必使他不损伤自己，但不要企图制止他的发作。

（3）癫痫大发作后，把宝宝放置成恢复姿势。如果他已入睡，不要唤醒他，但应设法使他保持呼吸通畅。

（4）避免宝宝发作时碰到各种有可能发生危险的物体。比如：在楼梯顶处安装好防护设备；不要让他一人单独沐浴等。但也不要过分地保护，以免使他感到自己因患有癫痫而产生自卑感。

### 4. 宝宝有以下情况要即刻去医院就医

（1）第1次大发作。

（2）大发作持续了3分钟以上。

（3）连续不断地大发作。

（4）癫痫小发作次数较以前频繁。

医生可能对宝宝进行各种检查，可开给宝宝控制癫痫发作的药物。宝宝在服药期间，若症状有任何改变，都要告知医生，但不要擅自停止给他服药。

## 龋　齿

龋齿，俗称"蛀牙"、"虫牙"。其实，口腔里并不长虫子，而是由存留在牙面上的食物残渣在致龋菌的作用下发酵产酸，造成牙体组织破坏所形成的龋洞，看表状好像被虫子咬过一样。

### 1. 致龋菌的存在

口腔是一个与外界相通的器官，其内生存着很多细菌，与龋齿关系最密切的细菌是变形链球菌、乳酸杆菌和放线菌。

### 2. 食物

最容易引起龋齿的食物是糖，尤其是蔗糖。一些含糖量高、黏性强的食物也易致龋齿，可乐型含糖类饮料也是致龋的"隐形杀手"。

### 3. 个体因素

在相同的外在因素下，龋齿与每个宝宝的个体差异有关。牙齿的组织结构、口腔内唾液的含量、唾液中抗体的多少、唾液的流量多少等都会影响龋齿的发生。例如，唾液对牙面有冲洗作用，其中所含的抗体和酶则有抑菌作用，所以如果唾液分泌量少就容易患龋齿。

### 4. 时间

龋齿，不是一时就发生的，它需要一定的时间。食物残渣存留在牙面上后，细菌至少要几个小时才能使其发酵产酸，牙体组织长时间受到浸蚀才会脱钙崩解。

**小贴士**

一般24个月的宝宝就要开始培养刷牙的习惯，发现有蛀牙（黑点）更要注意饭后漱口。蛀牙应及时补好，不要因为宝宝小不合作，而拖到上幼儿园时再去补牙。目前许多医院的牙科已有新的机器，磨牙不酸，补牙不痛，幼儿是能忍受的。

## 蛲虫病

蛲虫是微小的白色线样蠕虫，长0.5厘米左右。它通过污染的食物进入人体，并在肠内生存，夜晚从肠内爬出，在肛门周围产卵而引起强烈的瘙痒。本病在儿童中常见，虽然瘙痒可能非常不舒服，然而却无大的伤害。对小女孩来说，蛲虫可能会向前爬入阴道。

### 1. 症状

（1）肛门周围有强烈的瘙痒感，通常在夜间加剧。

（2）阴道周围有剧烈的瘙痒。

（3）粪便中有细小的白色蠕虫。

### 2. 父母该做些什么

（1）设法阻止宝宝搔抓，因为搔抓会使肛门或阴道周围的皮肤发炎。

（2）把宝宝的指甲剪短，为的是如果他搔抓，虫卵不致存留在指甲缝内，否则虫卵会使他再度感染。

（3）做到全家人在入厕后及吃饭前都要彻底洗手，并用指甲刷好好清洁指甲。

（4）宝宝如不再用尿片，一定要穿睡衣裤，或在睡袍里面再穿内裤。这些衣裤每日都要更换并且消毒，以杀灭上面的蛲虫及虫卵。每日更换床单，用热水彻底漂洗干净。

（5）宝宝感到痒时，让他俯卧在你的腿上，查找肛门附近的白色细小的蛲虫，用潮湿的脱脂棉把看到的蛲虫擦去，掷入抽水马桶中冲掉。但通常不易找到蛲虫，半夜时可用胶纸贴在肛门周围后再撕下，可能消除蛲虫的踪迹。

（6）如果你认为宝宝患有蛲虫，应尽快看医生。医生可能给你全家开杀灭蛲虫的药，还可能给宝宝开药膏，用以缓解肛门或阴道周围的炎症。

#### 小贴士

　　婴幼儿感染蛔虫病后，患儿常表现为吃得多，但容易饥饿，长不胖。有些患儿有偏食、异食表现，如爱吃石灰、泥土或报纸等。经常出现不明原因的腹痛、腹泻，逐渐消瘦。夜间睡眠不安、哭闹、磨牙、流口水等。妈妈要注意宝宝的异常。预防宝宝发生蛔虫症的主要措施，是帮助孩子养成良好的卫生习惯，注意个人卫生。阻止蛔虫从"口入"！

## 暑热症

炎热的季节，幼小的宝宝由于机体发育不健全，体温调节功能差，排汗功能不足，引起干燥灼热、食欲减退、疲乏嗜睡、形体消瘦，有时胸闷、气滞、烦躁、口渴、多尿、无汗或少汗，还伴有持久性低热。天气越热，体温越高，气候转凉后，体温也随之下降，中医称"暑热症"。

### 1. 父母应做些什么

对暑热症现在还没有特效药，发现宝宝患了暑热症后，家长不必惊慌，应多给患儿喝点淡盐凉开水，或喝些西瓜汁、绿豆汤，细心护理，补充营养，预防并发症。

### 2. 怎么预防

对于暑热症关键是预防，平时要注意室内通风，阳光太强烈的时候不要带宝宝外出，要多喝白开水或绿豆汤；少穿衣服；勤洗澡，每天要洗1次。如果预防得好，一般不会得"暑热症"。

## 扁桃体炎

扁桃体炎是扁桃体的炎症，它易引起咽喉部剧烈疼痛以及其他一些症状。扁桃体是位于咽喉背侧的一对腺体，左右各一，它属于身体的免疫器官。

### 1. 症状

（1）喉咙剧痛。

（2）两侧扁桃体发红、肿大、其上可能被覆奶黄色斑点。

（3）体温在38℃以上。

（4）颈部淋巴结肿大。

## 2. 父母应做些什么

（1）检查宝宝的扁桃体及触摸附近的淋巴结。如有感染，扁桃体表现为发红、肿大，表面有奶黄色斑点。

（2）给宝宝测量体温，必要时服用对乙酰氨基酚(扑热息痛)糖浆剂降低热度。

（3）鼓励宝宝多饮水，发热时尤为重要，或给宝宝冷饮料、流质或半流质食物。

如果你的宝宝频繁地发生严重的扁桃体炎，并使他全身健康受到损害的话，医生可能建议切除扁桃体，但对4岁以下的儿童很少进行这项手术。


# 流行性腮腺炎

流行性腮腺炎是因病毒感染后使腮腺发炎的一种传染性疾病，因为腮腺炎患儿面颊下部肿胀，看起来好像嘴巴变大，故俗称"大嘴巴"病。

本病可由打喷嚏、咳嗽等所散发的唾沫传染，也可由食具或玩具等污染后传染。多发生在3岁以上小儿，以冬末春初多见。


## 1. 症状

第1日

（1）咀嚼时疼痛，或者宝宝不能确定位置的面部疼痛。

（2）体温升高。

第2日

（1）在面部的一侧出现肿胀并有触痛。

（2）张口时疼痛。

（3）体温升高。

（4）喉咙痛，吞咽时也感到疼痛。

（5）口腔干燥。

第3日

面部肿胀加重，通常波及左右两侧。

第4～6日

肿胀逐渐消退并且其他症状也有好转。

第13日

不再有传染性。

## 2. 父母应做些什么

（1）宝宝如果诉说面部疼痛，或者宝宝的面部显得肿胀时，轻轻检查一下他的腺体。

（2）测量宝宝的体温，如有发热，给他服用对乙酰氨基酚(扑热息痛)糖浆剂以降低热度。

（3）鼓励宝宝多喝冷的饮料，但要避免酸性的饮料，例如果汁。如果张口会给宝宝带来痛苦的话，可让宝宝用吸管饮用。给宝宝喂食时要有耐心，因为宝宝在吸吮时也会有疼痛。

（4）如果吞咽时感到刺痛，就给宝宝吃流质或半流质饮食，如冰淇淋或汤。

（5）热水袋内装满热水，外面用毛巾包好，放在宝宝颊部下面，可减轻肿胀。太小的婴儿不要用过热的热水袋以免发生意外。可用1块柔软的布浸于热水中，取出并拧去过多的水，然后轻轻地贴放在肿胀部位，用此法代替热水袋。

### 小贴士

有的新生儿在哭闹、咳嗽时，脐部鼓起1个核桃般大小的圆球，安静时可恢复原样，这称为脐疝，是由于新生儿脐部肌肉薄弱，腹腔的小肠、大网膜等从此处突出到皮下而形成的。

## 水 痘

　　水痘是由带状疱疹病毒引起的急性传染病，冬、春季节最为多见。6个月至3岁小儿发病率最高，病后可获得持久的免疫力，很少再患第二次。小儿在发热1～2日后，皮肤黏膜出现发展迅速的斑疹、丘疹、疱疹和结痂，以后又有新的皮疹一批又一批地出现。这些皮疹多数分布在小儿的胸、背、躯干部，四肢及头面部相对较少，所以医学上又称为"疹子向心性分布"。

　　水痘病儿是本病主要传染源，从发病前1～2日到皮疹全部干燥结痂前均有传染性。病儿的飞沫可以污染空气，疱疹破溃的疱浆可以污染玩具、衣服和用具等。所以，它的传染性很强。

　　出了水痘后，一般无须特殊治疗，但护理十分重要，只要处理得当，一般不留瘢痕。但水痘的皮疹很痒，病儿搔抓皮疹引起继发感染，如累及真皮层，会引起瘢痕。所以家长应及时剪短小儿指甲，痒感甚者可服氯苯那敏（扑尔敏）、苯海拉明等药，并用抗生素软膏涂于皮疹处，也可用炉甘石洗剂局部涂擦止痒。皮疹一旦抓破，可用1％甲紫（龙胆紫）或抗生素软膏涂擦。特别应注意的是不能使用肾上腺皮质激素类药物，否则会引起严重病毒血症。对长期应用皮质激素的病儿（如肾病或血液病），一旦患了水痘，病情可能恶化，应及时治疗。

　　水痘一般愈后良好，但如果在出疹后5～10日内体温再度升高，并伴有头痛、呕吐、嗜睡等神经系统症状，则要警惕水痘脑炎，应立即送医院诊治。

　　水痘病儿应严格隔离2～3个星期，待水痘完全干燥结痂又未见新的皮疹出现时，方可解除隔离。对密切接触者应检疫3个星期，在此期间家长应每日注意小儿的皮肤，观察是否有出水痘的迹象。

**小贴士**

孩子生水痘了，水痘破裂，皮肤感染出现发烧症状，应该及时送往医院就医。究竟哪些异样可以表明皮肤已经被感染了呢？

①皮肤感染的地方有一些红线。

②在孩子的腋下出现了一触即发的淋巴腺。

出现以上几种症状说明皮肤已经被感染了。

## 水瘊子

水瘊子，西医称传染性软疣，是儿童常见病之一，这种病由传染性软疣病毒引起。感染部位以颈、前胸、背、臀部、四肢等处为主，呈灰白、乳白、微红或正常肤色，米粒大小，表面光滑，中心微凹，从中能挤出豆渣样物质称软疣小体。初起时为单个或数个，因搔抓而自体接种，可泛发全身。患儿抓破后可合并细菌感染，发展成为脓疱。

这种病可自己传染，也可传染别人，传播途径是通过与病人接触或在公共浴室及游泳池游泳，均可感染此病。因此，预防重在隔离，并注意个人卫生，内衣、内裤等换下后要煮沸消毒，或经太阳曝晒。

得了水瘊子病后，可先将2％碘伏涂在软疣上，然后用消毒针将软疣挑破，或用止血钳挤压出疣内白色豆渣样物质，再涂上碘伏消毒，防止细菌感染。注意必须将软疣小体完全挑除，否则还会复发；同时不要抓搔，以免细菌感染发炎。

# 猩红热

猩红热是一种比较常见的传染病，系由乙型溶血性链球菌引起，其传染源为病人和带菌者。链球菌定位于上呼吸道黏膜，主要在咽部黏膜繁殖，由此向外界排出，通过空气飞沫传播；也可通过接触传播，主要通过手接触病人的分泌物或被其污染的器皿、玩具及衣物等而感染。被污染的食物特别是牛奶也可传播本病。

## 1. 患有猩红热会有哪些表现

沈女士的宝宝已经满2岁了，身体一直很健康，心里很安慰。沈女士有一天意外地发现宝宝光滑细腻的皮肤上长了一两片红色的小点，这些没有影响到宝宝的生活，所以沈女士也没有太在意，怎知过了几天，宝宝竟然发烧了。这可把沈女士急坏了，连忙带着宝宝去医院检查，检查结果是，宝宝患了猩红热。

猩红热的临床特征为起病急骤，有发热、咽喉炎、弥漫性红色皮疹和疹退后皮肤脱屑。发热一般在39℃左右，多于发热第2天出现皮疹，似"鸡皮疙瘩"样，皮疹最盛时体温最高，以后逐渐下降。咽痛明显，吞咽时加重。咽喉部和扁桃体红肿，扁桃体上有点状黄白色渗出物，易拭去。起病早期皮疹尚未出现时，可见软腭红肿，有点状红疹或小出血点。

病初舌苔白厚，红肿的舌乳头散在于白苔之中，以舌尖及舌前部边缘处较显著，称为白草莓舌。2～3天后白苔脱落，舌面光滑呈肉红色，乳头仍突起，称为红草莓舌。

皮疹为猩红热最典型的表现。开始于耳后、颈部和上胸部，24小时内迅速蔓延至全身。典型皮疹是在皮肤弥漫性充血发红的基础上，广泛散布着针尖大小密集而均匀的充血性斑疹，有瘙痒感，触摸时有细沙样感觉，用手压时皮疹消退，去压后立即恢复。在颈部、腋窝、肘窝及腹股沟等皮肤褶皱处，常因压迫摩擦致皮下出血，形成紫红色线条。面部充血潮红，一般无皮疹，口唇周围常无充血。皮疹于48小时内达到高峰，然后依出疹顺序消退，2～4日内完全消失。病程第1周末或第2周开始脱皮，面、颈、躯干部位常为糠屑样，四肢可呈片状，严重者肢端脱皮呈手套、袜套状。

### 2. 猩红热有哪些危害

人群对猩红热普遍易感，感染后临床表现轻重不一。近年来由于细菌的致病力减弱，病情趋于缓和。加之早期使用青霉素，其症状一般较轻，病程短，预后良好。但也有少数病儿可能发生以下并发症。

（1）化脓性并发症：如颌下或颈部的化脓性淋巴结炎、中耳炎、乳突炎、鼻窦炎、颈部软组织炎、蜂窝组织炎及支气管肺炎等。

（2）中毒性并发症：发生于病程早期，系由毒素引起的非化脓性病变，表现为关节炎、心肌炎等。病变多为一过性，一般预后良好。

（3）其他并症：有少数病儿于病程第2～3周可能并发风湿热或急性肾小球肾炎，这将对病儿造成极大的危害。

### 3. 宝宝患有猩红热应该怎样治疗和护理

猩红热是一种急性呼吸道传染病。一旦确诊，应立即进行隔离性治疗与护理。若条件允许，病情轻者可在家庭隔离治疗和护理，在家治疗的病儿应尽量住单人房间。病情重者应及时住院治疗，医护人员接触病儿应戴口罩，避免交叉感染。隔离时间一般为7天，最短不少于5天。

（1）及时应用治疗猩红热的特效药物——青霉素：青霉素可迅速消灭病原菌，对脓毒性并发症的治疗和预防有显著功效，且能使患儿口、鼻的病原菌早期消灭，以减少带菌状态。如病儿对青霉素过敏也可给予红霉素或先锋霉素、磺胺药等。

（2）密切观察病情变化，注意有无并发症出现：如有感染性休克或脑水肿的表现，应及时组织抢救。

（3）注意休息与营养：急性期应卧床休息，供给足够的营养和水分，给

予高热量、高蛋白、高维生素和易消化的食物。对高热、进食少、中毒症状重者，可静脉输液、输血或血浆，以增强抵抗力，促进康复。

### 小贴士

若是宝宝患上了猩红热，一定要注意下面的护理细节：

①患儿居室要经常开窗通风换气，每天不少于3次，每次15分钟。

②患儿的痰、鼻涕用纸要烧掉。用过的脏手绢要用开水煮烫。

③日常用具可以暴晒，至少30分钟。食具煮沸消毒。

⑥患儿痊愈后，要进行一次彻底消毒，玩具、家具要用肥皂水或来苏水擦洗一遍，不能擦洗的，可在户外暴晒1～2小时。